普通高等教育机电类系列教材

机电系统动态仿真——基于 MATLAB/Simulink

第 3 版

陈新元　傅连东　蒋　林　编　著

机 械 工 业 出 版 社

本书重点介绍如何利用 MATLAB/Simulink 进行机电液动态系统的建模、性能分析以及综合设计。其第 1~4 章系统地介绍了动态仿真所应当掌握的 MATLAB 基本知识和操作，第 5~8 章介绍了机电液系统建模、时间响应、频率响应、控制系统综合校正等相关专业知识、算法以及进行仿真所对应的 MATLAB 函数，第 9 章重点介绍了 Simulink 的特点及利用 Simulink 进行机电液系统动态仿真的方法。

本书可作为理工科院校机械类（含机电类）相关专业，如机械设计制造及其自动化、机械电子工程、车辆工程、测控技术与仪器等专业学习计算机动态仿真技术的教材或参考书，也可供相关专业的研究生或科研人员使用。

图书在版编目（CIP）数据

机电系统动态仿真：基于 MATLAB/Simulink/陈新元，傅连东，蒋林编著 . —3 版 . —北京：机械工业出版社，2018.11（2025.1 重印）
普通高等教育机电类系列教材
ISBN 978-7-111-61449-4

Ⅰ.①机… Ⅱ.①陈… ②傅… ③蒋… Ⅲ.①机电系统—自动控制系统—系统仿真—Matlab 软件—高等学校—教材 Ⅳ.①TH-39

中国版本图书馆 CIP 数据核字（2018）第 267441 号

机械工业出版社（北京市百万庄大街 22 号　邮政编码 100037）
策划编辑：王　康　责任编辑：王玉鑫　王　康　王小东
责任校对：张晓蓉　封面设计：马精明
责任印制：单爱军
天津光之彩印刷有限公司印刷
2025 年 1 月第 3 版第 10 次印刷
184mm×260mm · 13.75 印张 · 332 千字
标准书号：ISBN 978-7-111-61449-4
定价：35.00 元

电话服务　　　　　　　　网络服务
客服电话：010-88361066　　机 工 官 网：www.cmpbook.com
　　　　　010-88379833　　机 工 官 博：weibo.com/cmp1952
　　　　　010-68326294　　金 书 网：www.golden-book.com
封底无防伪标均为盗版　机工教育服务网：www.cmpedu.com

前　言

《机电系统动态仿真——基于 MATLAB/Simulink》第 1 版于 2005 年出版，为适应 MAT-LAB 软件的更新和功能的扩展，2011 年 12 月以 MATLAB7.0 为基础进行修订出版了第 2 版，主要对教材中部分章节的例题和习题进行了充实和完善，在第 9 章增加了一节介绍 MATLAB 的 S-函数。转眼又 6 年多过去了，MathWorks 的 MATLAB R2016b 版已经成为目前主要应用版本，工具箱得到进一步扩充和完善，工作环境、操作界面等方面发生了很大变化，为使读者能够更好地学习使用 MATLAB 软件，编写组决定以 MATLAB R2016b 版为软件平台对教材进行再次修订。

本次修订后的结构仍保持与第 2 版一致：第 1~4 章介绍 MATLAB 的基本知识，这部分内容是利用 MATLAB 进行系统仿真所必须的基础；第 5~8 章介绍与机电控制系统计算机仿真有关的算法、MATLAB 函数以及相应的专业知识；第 9 章重点介绍 MATLAB 的高效仿真工具 Simulink，以及利用 Simulink 进行机电系统仿真的方法。

本次修订后的学习和讲授方法也与第 2 版保持一致：教材中关于 MATLAB 软件使用的内容，读者完全可以通过自学加以掌握。但教材第 5~9 章中部分例题、习题因涉及机电的专业知识，有一定难度或可能需要花费较多时间，因此使用本教材的教师可根据具体情况给予一定指导和对教学内容进行取舍。"笋因落箨方成竹，鱼为奔波始化龙"，在学习掌握 MATLAB 这一仿真利器和深入理解机电系统动态建模的基础理论后，两者科学地结合，多练习，才能得出具有参考价值的仿真结果，真正指导实践工作。

本次修订工作征求了课程团队许仁波、钱新博、卢艳、王念先、郭媛等教师的意见，主要对操作界面、图片进行了更新，对相应文本说明进行了调整。另外，考虑到科学探索和试验研究活动中常常通过便携设备实时采集数据，而后期分析处理时一般需要将文本数据转化成曲线，针对这一实际需求，在第 3 章增加了试验数据的图形表达一节，讲解了读取 Excel 格式数据文件和 ＊. dat、＊. txt 文本格式数据文件并绘制成曲线的方法。

研究生高荟超、宋彪、余晨阳共同承担了本次修订的插图处理工作，在此表示衷心感谢！

本书凝结了刘白雁教授多年的心血。由于他已经退休，特将本版的修订工作委托给编者。在本次修订即将付印之际，对他的无私提携表示衷心的感谢！

古人云：行百里者半九十。如果将编写一本优秀的教材看成是一个百里征程的话，那本次修订距完善仍很遥远，因此恳请读者提供宝贵意见，以便该教材能够不断改进。编者 Email：chenxinyuan@ wust. edu. cn（陈新元）。

编　者

目　　录

第1章 | MATLAB 基础

系统仿真是根据被研究的真实系统的数学模型研究系统性能的一门学科，现在尤指利用计算机去研究数学模型行为的方法，即数值仿真。数值仿真的基本内容包括系统、模型、算法、计算机程序设计及仿真结果显示、分析与验证等环节。

在系统仿真技术的诸多环节中，算法和计算机程序设计是很重要的环节，它直接决定问题是否能够正确求解，而 MATLAB 正是解决这一问题的首选软件。本章对 MATLAB 的基本结构及其基本操作做简要介绍。

1.1 概述

1.1.1 MATLAB 的发展历程

MATLAB 名字由 MATrix 和 LABoratory 两词的前三个字母组合而成。1980 年前后，时任美国新墨西哥大学计算机科学系主任的 Cleve Moler 教授出于减轻学生编程负担的动机，为学生设计了一组调用 LINPACK（基于特征值计算的软件包）和 EISPACK（线性代数软件包）库程序的"通俗易用"的接口，此即用 FORTRAN 编写的萌芽状态的 MATLAB。

早期的 MATLAB 只能做矩阵运算，并且只能用星号描点的形式画图，内部函数也只有几十个。当时作为免费软件在大学里使用，虽然其功能十分简单，但却深受大学生们的喜爱。

1984 年 Cleve Moler 和 John Little 成立了 The MathWorks 公司，正式把 MATLAB 推向市场。1990 年推出了首个可以运行于 Microsoft Windows 下的版本 MATLAB 3.5i；1993 年推出的 MATLAB 4.0 版本充分支持在 Microsoft Windows 下的编程。1997 年推出的 MATLAB 5.0 版本支持更多的数据结构。1999 年推出的 MATLAB 5.3 进一步改善了 MATLAB 语言的功能，其全新版本的最优化工具箱和 Simulink 3.0 都达到了很高档次。2000 年 10 月推出的 MATLAB 6.0 在操作界面上有了很大改观，其数值计算的速度更快、性能更好，与 C 语言接口及转换的兼容性更强，与之配套的 Simulink 4.0 增加了更多的功能。2001 年 6 月推出了 MATLAB 6.1 版及 Simulink 4.1 版功能更加强大，其新的虚拟现实工具箱给仿真结果的三维视景显示提供了新的解决方案。2002 年 8 月问世的 MATLAB 6.5 版及 Simulink 5.0 版在已有版本上做了进一步的改进，如增加了变量名、函数名、文件名的最大长度，改进了开发环境和外部接口等。2004 年 5 月发布了 MATLAB7.0 和 Simulink 6.0，MATLAB 7.0 的最大亮点在于添加了图形的交互创建和编辑功能，同时在操作界面上也得到了加强；Simulink 6.0 则针对大规模的系统开发进行了性能优化。2004 年 9 月发布的 MATLAB 7.0.1 提高了 MATLAB 7.0 的稳定性和运行性能。

从 2006 年开始，MathWorks 公司的 MATLAB 产品的发布形式发生了变化，即分别在每年的 3 月和 9 月各进行一次 MATLAB 的产品发布，版本的命名方式为"R+年份+代码"，对应上、下半年的代码分别是 a 和 b。目前的最新版本是 R2018a，由于最新版的软件应用范围还较小，因此，本教材主要介绍基于 MATLAB R2016b 的系统仿真。

现在的 MATLAB 当然已不再仅仅是一个"矩阵实验室"，它以强大的科学计算与可视化功能、简单易用、开放式可扩展环境，数十种面向不同领域的工具箱支持，是设计研究单位和工业部门进行高效研究、开发的首选软件工具，在科学研究和产品开发中有着广阔的前景和巨大的潜能，如：

- 数据分析
- 数值和符号计算
- 工程与科学绘图
- 控制系统设计
- 数字图像信号处理
- 财务工程
- 建模、仿真、校验
- 应用开发
- 图形用户界面设计

1.1.2 MATLAB 的基本组成和特点

MATLAB 集计算、可视化及编程于一身。在 MATLAB 中，无论是问题的提出还是结果的表达都采用人们习惯的数学描述方法，而不需用传统的编程语言进行前后处理。这一特点使 MATLAB 成为数学分析、算法编写及应用程序开发的良好环境。

1. MATLAB 的主要构成

MATLAB 是由一系列的模块构成，简述如下：

（1）MATLAB   The MathWorks 公司所有产品的数值分析和图形处理的基础环境。

（2）MATLAB Toolbox   这是一系列针对不同领域应用的专用 MATLAB 函数库。工具箱是开放、可扩展的，用户可以查看其中的算法或开发自己的算法。

（3）MATLAB Compiler   该编译器可将用 MATLAB 语言编写的 M 文件自动转换成 C 或 C++文件。结合 The MathWorks 公司提供的 C/C++数学库和图形库，用户可以利用 MATLAB 快速地开发出功能强大的独立应用。

（4）Simulink   这是一种结合了框图界面和交互仿真能力的极其简便的动态系统仿真工具。

（5）Stateflow   与 Simulink 框图模型相结合，描述复杂事件驱动系统的逻辑行为，驱动系统在不同的模式之间进行切换。

（6）Real-Time Workshop   直接从 Simulink 框图自动生成 C 或 ADA 代码，用于快速原型和硬件的回路仿真。

2. MATLAB 语言的特点

MATLAB 语言被称为第四代计算机语言。正如第三代计算机语言（如 FORTRAN、C 等）使人们摆脱了计算机硬件的束缚一样，MATLAB 语言可帮助软件开发者从烦琐的程序代码中解放出来。MATLAB 丰富的函数使开发者无须重复编程，只需简单地调用即可。

MATLAB 语言有以下几个主要特点。

（1）编程效率高　用 MATLAB 编写程序犹如在演算纸上排列公式，因此也通俗地称 MATLAB 语言为演算纸式科学算法语言。用户既可以在命令窗口中将输入语句与执行命令同步，也可以先编写好一个较大的复杂的应用程序（M 文件）后再一起运行。由于它编写简单，因而编程效率高，易学易用。

（2）使用方便　MATLAB 语言是一种解释执行的语言，无须编译、链接，而是将编辑、编译、链接和执行融为一体；它能在同一界面上进行灵活操作，快速排除程序中的各类错误，从而加快了用户编写、修改和调试程序的速度。

（3）高效方便的科学计算　MATLAB 拥有 600 多种数学、统计及工程函数，可使用户立刻实现所需的强大的数学计算功能。由各领域的专家学者们开发的数值计算程序，使用了安全、成熟、可靠的算法，从而保证了最大的运算速度和可靠的结果。

（4）先进的可视化工具　MATLAB 提供功能强大的、交互式的二维和三维绘图功能。可使用户创建富有表现力的彩色图形。可视化工具包括：曲面渲染、线框图、伪彩图、光源、三维等位线图、图像显示、动画、体积可视化等。

（5）开放性、可扩展性强　MATLAB 所有核心文件和工具箱文件都是公开的、可读可写的源文件，是可见的 MATLAB 程序，所以用户可以查看源代码、检查算法的正确性，修改已存在的函数，或者加入自己的新部件，包括：运行时动态连接外部 C、C++ 或 FORTRAN 应用函数；在独立 C、C++或 FORTRAN 程序中调用 MATLAB 函数；输入输出各种 MATLAB 及其他标准格式的数据文件；创建图文并貌的技术文档，包括 MATLAB 图形、命令，并可通过 MS-Word 输出等。

（6）特殊应用工具箱　MATLAB 对许多专门的领域开发了功能强大的模块集和工具箱。一般来说，它们都是由特定领域的专家开发的，用户可以直接使用工具箱学习、应用和评估不同的方法而不需要自己编写代码。MATLAB 的工具箱加强了对工程及科学中特殊应用的支持。工具箱也和 MATLAB 一样是完全用户化的，可扩展性强。将某个或某几个工具箱与 MATLAB 联合使用，可以得到一个功能强大的计算组合包，满足用户的特殊要求。

（7）高效仿真工具 Simulink　Simulink 是用来建模、分析和仿真各种动态系统的交互环境，包括连续系统、离散系统和混杂系统。Simulink 提供了采用鼠标拖放的方法建立系统框图模型的图形交互界面。通过 Simulink 提供的丰富的功能块，用户可以迅速地创建系统的模型，不需要书写一行代码。同时，Simulink 还可以方便地调用 MATLAB 提供的各种功能。

1.2　MATLAB 操作界面

要进入 MATLAB 工作环境，只需单击 MATLAB 图标即可。MATLAB R2016b 的主界面即用户的工作环境，包括菜单栏、工具栏、开始按钮和各个不同用途的窗口，操作界面如图 1-1 所示。

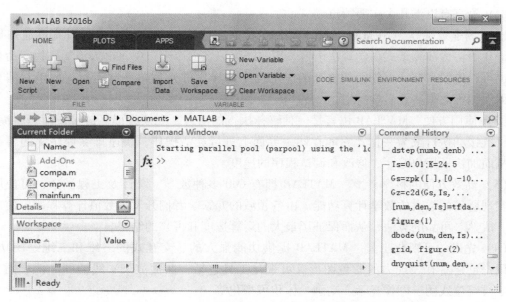

图 1-1　MATLAB R2016b 版本的默认操作界面

MATLAB 的菜单/工具栏中包含 3 个选项：HOME（主页）、PLOTS（绘图）和 APPS（应用程序）。

1）主页选项下包含若干功能模块，本书所涉及的绝大部分运用都可在本操作界面内完成。

- 文件的新建、打开、查找等；
- 数据的导入、保存工作空间、新建变量等；
- 代码分析、程序运行、命令清除等；
- 窗口布局；
- 预设 MATLAB 部分工作环境、设置当前工作路径；
- 系统帮助；
- 附加功能等。

2）绘图选项下提供数据的绘图功能。

3）应用程序选项则提供了各应用程序的入口。

对于图 MATLAB R2016b 的 HOME 主页选项下的常用窗口简介如下：

（1）指令窗口（Command Window）　该窗口是进行各种 MATLAB 操作的最主要窗口，默认情况下启动 MATLAB 时就会打开命令行窗口。在该窗口内可输入各种需要 MATLAB 运行的指令、函数、表达式，并显示除图形外的所有运算结果。

（2）历史指令窗口（Command History）　该窗口记录已经运行过的指令、函数、表达式。

（3）工作空间窗口（Workspace）　罗列 MATLAB 工作空间（即内存中）所有变量的名称、类型、字节数等。

（4）当前目录窗口（Current Folder）　可进行当前目录设置，展示、复制、编辑和运行相应目录下的 M 文件。

1.3　指令窗口运行

　　MATLAB 指令窗口默认位于 MATLAB 操作界面的右下区域，单击该指令窗口右上角的 ⊙ 键，再选择【Undock】键就可获得如图 1-2 所示的独立指令窗。若要让该独立指令窗缩回 HOME 主页选项界面，则要单击 ⊙ 键，再选择【Dock】键即可（MATLAB 操作界面上的其他通用窗口都可类似操作）。

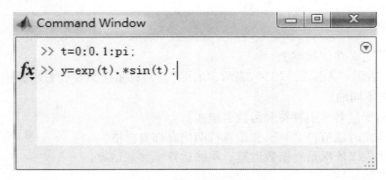

图 1-2　独立指令窗口

1.3.1　数值、变量和表达式

1. 数值

MATLAB 的数值采用大家习惯的十进制表示，以下记述都是合法的：3，-99，0.001，9.578，1.3e-4，2.78e23。

2. 变量命名规则

- 变量名、函数名对字母大小写敏感，如 MAY、may 表示不同变量。
- 变量名第一个字母必须是英文字母，不能超过 64 个字符，且只能由英文、数字和下划线组成，如 my_ var 是合法的变量名。

3. MATLAB 默认的预定义变量

ans	计算结果的默认变量名
i 或 j	虚单元 $i=j=\sqrt{-1}$
pi	圆周率 π
eps	浮点相对精度，2^{-52}，可视为机器零
Inf 或 inf	无穷大，如 1/0
NaN 或 nan	不是一个数（Not a Number），如 0/0，∞/∞
realmax	最大正实数
realmin	最小正实数

4. 运算符和表达式

MATLAB 的基本运算符和表达式如表 1-1 所示。

表 1-1 运算符和表达式

	数学表达式	运算符	MATLAB 表达式
加	a+b	+	a+b
减	a−b	−	a−b
乘	a×b	*	a * b
除	a÷b	/或 \	a/b 或 b\ a
幂	a^b	^	a^b

［说明］

● 所有运算定义在复数域上。

● 用"/"表示"左除","\"表示"右除"。对标量运算左、右除相同；但对矩阵来说，左、右除是不同的。

● 表达式由变量名、运算符和函数名组成。

● 书写表达式时赋值符"＝"和运算符两侧允许有空格。

● 运算的优先级依次是：指数运算、乘除运算、加减运算。

5. 复数和复数矩阵

MATLAB 直接以复数矩阵为数值运算对象，标量为矩阵的子集，实数为复数的子集。如可直接在指令窗口中输入−5+3i 或−5+3j（3i 或 3j 之间不能有空格），以及复数形式的矩阵，同时 MATLAB 还提供了有关复数操作的专门指令：

real（z）　　　　　给出复数 z 的实部

imag（z）　　　　　给出复数 z 的虚部

abs（z）　　　　　给出复数 z 的模

angle（z）　　　　给出复数 z 的相角（弧度单位）

［说明］

● 在指令窗口中输入复数 c 的两种表达式都是合法的：

c＝3+5i

c＝3+5 * i

它们为相同的复数。但如果复数的虚部用变量名表示，则该变量名和虚单元之间必须要用" * "隔开。以下的复数 c 的表示是正确的：

a＝3

b＝5

c＝a+b * i

以上所输入的各种形式的复数 c，在 MATLAB 指令窗口中运行后均显示为如下形式：

c ＝

　3. 0000 + 5. 0000i

1.3.2　指令窗口操作

1. MATLAB 中的标点符号

标点符号在 MATLAB 语言中有重要作用，应当熟悉各种标点符号的用法，一些常用的标点符号的功能如表 1-2 所示。

表 1-2　MATLAB 中常用的标点符号的功能

名称	标点	作　　用
空格		输入量之间、数组元素之间分隔符
逗号	,	具有空格的功能，还可作为要显示运算结果的指令间的分隔符
黑点	.	数值中表示小数点
分号	;	不显示计算结果指令的"结尾"标志；不显示计算结果的指令间的分隔符；数组行间分隔符
注释号	%	注释行的"启首"标志
圆括号	( )	数组援引以及函数指令输入参量列表时用
方括号	[ ]	输入数组以及函数指令输出参量列表时用
花括号	{ }	元胞数组记述符
单引号对	' '	字符串记述符
冒号	:	用以生成一维数组以及用于表示数组下标（全行或全列）
下连符	_	可用于变量、函数或文件名的连字符以便于记、读
"At"符号	@	在函数名前形成函数句柄
续行号	…	由三个以上连续黑点构成，其下的物理行为该行的"继续"

2. 指令窗口常用控制指令

指令窗口中口常用的一些指令如表 1-3 所示。熟悉这些指令对提高 MATLAB 使用效率是有帮助的。

表 1-3　指令窗中常用的控制指令

指令	含　　义	指令	含　　义
cd	设置当前工作目录	edit	打开 M 文件编辑器
clf	清除图形窗	exit	关闭/退出 MATLAB
clc	清除指令窗中显示内容	quit	关闭/退出 MATLAB
clear	清除 MATLAB 工作空间保存的变量	mkdir	创建目录
dir	列出指定目录下的文件和子目录清单	type	显示指定 M 文件的内容

3. 指令窗口指令行的编辑

MATLAB 是一种类似 Basic 语言的解释性语言，指令语句逐条解释逐条执行。要对输入到指令窗口或在指令窗口已经运行过的指令进行修改编辑，需用到表 1-4 所示的行编辑指令。

表 1-4　指令窗口指令行的编辑

键名	含　　义	指令	含　　义
↑	前寻式调回已输入过的指令行	end	使光标移到当前行的尾端
↓	后寻式调回已输入过的指令行	Delete	删去光标右边的字符
←	在当前行中左移光标	Backspace	删去光标左边的字符
→	在当前行中右移光标	PageUp	前寻式翻阅当前窗中的内容
Home	使光标移到当前行的首端	PageDown	后寻式翻阅当前窗中的内容

［说明］

● 除利用以上操作对指令窗口中已输入的指令进行编辑外，还可结合历史指令窗口完成指令的编辑。

● 指令窗口的一行中可同时输入多条指令，不同的指令间须用逗号"，"或分号"；"隔开，这两种符号的区别如表 1-2 所示。

【例 1-1】　简单矩阵的输入。

（1）一行输入，用"；"作行间间隔符。在指令窗中依次输入以下字符：

A =［1,2,3; 4,5,6; 7,8,9］
A =
　　1　　　2　　　3
　　4　　　5　　　6
　　7　　　8　　　9

（2）分行输入，依次输入以下字符（用<Enter>键换行）：

A =［1,2,3
4,5,6
7,8,9］
A =
　　1　　　2　　　3
　　4　　　5　　　6
　　7　　　8　　　9

【例 1-2】　指令的续行输入。

在指令窗口中依次输入：

>> S = 1−1/2+1/3−1/4+1/5−1/6+1/7 ...
−1/8,W = S * 10
S =
　　0.6345
W =
　　6.3452

［说明］　续行号与其前面的最后一个字符应至少用一个空格隔开。

1.4　历史指令窗口

历史指令窗口（Command History）如图 1-3 所示。该窗口记录着用户在指令窗口中输入过的所有指令行，且所有这些被记录的指令行都能被复制，并送到指令窗中再运行。对指令窗的操作过程如下：

1）利用<Crtl＋鼠标左键>组合键点亮窗中所需指令行。

2）鼠标光标在点亮区时，单击鼠标右键，引出下拉菜单；选中下拉菜单中对应的功能项即可。

下面是几个常用的选项：

【Evaluate Selection】　计算所选指令，并将结果显示在指令窗中。

【Copy】　可将所选指令"复制"到任何地方。

【Create Live Script】　将所选指令创建成实时脚本。

【Create Shortcut】　将所选指令创建为快捷键，快捷键的名称在弹出的对话框中定义。

图 1-3　历史指令窗口的操作

［说明］

● 直接双击历史指令窗口中的指令行，即可执行该指令。

● 如果操作界面上没有显示历史指令窗口，可在 HOME 页面的主菜单【Layout】的下拉菜单中选择【Command History】，再单击【Docked】即可。也可在指令窗口中直接输入 command history 指令打开。

1.5　当前目录窗口、路径设置器和文件管理

1.5.1　MATLAB 的搜索路径

MATLAB 的所有文件都存放在一组目录下。MATLAB 把这些目录按优先次序设计为"搜索路径"上的各个节点。此后 MATLAB 工作时，就沿着此搜索路径，从各个目录上寻找所需调用的文件、函数、数据。

当在指令窗中输入一个指令后，MATLAB 对该指令的基本搜索过程如图 1-4 所示。凡不在搜索路径上的内容，不可能被搜索到，因而也不可能被执行。

如果在 MATLAB 搜索路径下不止一个函数具有相同函数名，MATLAB 将只执行搜索中遇到的第一个函数，而其他的同名函数将被屏蔽且不能执行。

1.5.2　当前目录浏览器

1. 当前目录的构成

当前目录（Current Folder）由文件详细列表、M 或 MAT 文件描述区构成，如图 1-5 所示。其中，文件详细列表区可运行 M 文件、装载 MAT 文件、编辑文件等；M 或 MAT 文件

描述区是所选文件的帮助注释内容，以帮助用户了解该文件。例如要运行当前目录浏览器中的某个 M 文件，只需单击鼠标左键点亮该行，再单击鼠标右键引出下拉菜单，选中【Run】项即可。

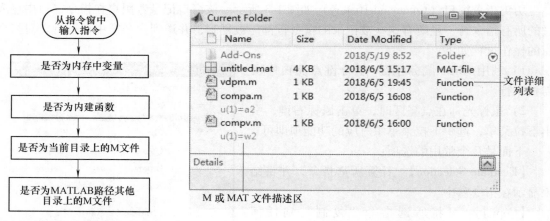

图 1-4 MATLAB 的搜索路径   图 1-5 当前目录窗口

2. 用户目录和当前目录设置

用户可以将自己的目录永久地设置在 MATLAB 的搜索路径上，也可将自己的目录设置为 MATLAB 的当前目录。

（1）建立用户目录 在 MATLAB 搜索路径上建立用户自己的目录，以存放自己创建的应用文件，并且在 MATLAB 开始工作时，将用户目录设置为当前目录。

用户目录设置为当前目录的方法有两种：

【方法一】

在 HOME 主页选项菜单底部如图 1-6 所示的"当前目录设置区"，直接填写待设置的目录名，或借助"当前目录设置区"左端的"浏览功能键"和鼠标选择待设置目录。

图 1-6 当前目录设置区

【方法二】

在指令窗中用指令设置，如在指令窗中输入：

```
>> mkdir fr                 % <1>
>> mkdir f:\matdir fr       % <2>
>> cd f: matdir\fr          % <3>
```

<1>为在当前目录下创建目录 fr；<2>在 f 盘父目录 matdir 下创建子目录 fr（matdir 不是当前目录）；并使其为 MATLAB 当前目录；<3>将 f 盘 matdir 下的子目录 fr 设为当前目录。

（2）搜索路径的扩展和修改 用户可以根据需要修改 MATLAB 的搜索路径，如将多个不同的用户目录添加到 MATLAB 的搜索路径中，或调整搜索顺序等。

● 利用设置路径对话框修改路径。

在 MATLAB 的 HOME 主页选项菜单中单击【Set Path】，可弹出设置路径对话框。

● 利用指令 path 设置路径。

假设待纳入搜索路径的目录为 c：\ma. dir，那么以下任何一条指令均能实现。

path(path, 'c:\ma. dir')　　　　　　% 把 c:\ma. dir 设置在搜索路径的尾端。

path('c:\ma. dir', path)　　　　　　% 把 c:\ma. dir 设置在搜索路径的首端。

1.6　工作空间窗口和数组编辑器

1.6.1　工作空间窗口

工作空间窗口称为内存浏览器，它保存了指令窗所使用过的全部变量（除非有意删除），可通过该窗口对内存变量进行操作。单击"Workspace"的窗标或工作空间窗口右上角的 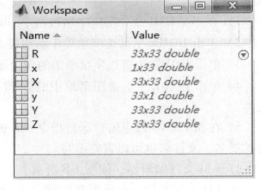 键，单击下拉菜单中的【Undock】，可弹出独立"工作空间"交互界面，如图 1-7 所示。

用鼠标右键单击工作空间中的某个内存变量，即弹出一个下拉菜单，再用鼠标选择对该变量的相应的操作，如复制、删除、绘图等。此外，还可用 MATLAB 指令对内存变量进行操作。在指令窗中，运用 who、whos 查阅 MATLAB 内存变量（whos 指令所得内存变量信息较为详细）。

● 在指令窗中，运用 clear 指令删除内存中变量。

1.6.2　数组编辑器

利用数组编辑器可对内存浏览器中任意一维或二维数值数组进行输入、修改。

图 1-7　工作空间窗口

1. 进入数组编辑器

点亮工作空间窗口中待选数组，双击左键或单击右键打开下拉菜单并再单击【Open Selection】，即进入数组编辑器，可对该数组进行修改；也可在指令窗中输入一个空变量，如 xx=[ ]，再进入数组编辑器，确定数组结构（q×p），再对该数组进行赋值。

2. 数据文件的存取

数据文件（. MAT）的存取可通过 HOME 主页选项菜单和工作空间窗口来实现，操作步骤如下：

（1）保存全部内存变量　单击 HOME 主页选项菜单的图标██，或者单击工作空间右上角的图标██，在下拉菜单中选择【Save】选项，都可弹出数据保存对话框，在对话框中填写待建数据文件名（不用带扩展名），选择文件所在目录，单击【Save】按钮，即可。

（2）保存部分内存变量　单击点亮工作空间窗口中所需保存的变量，再单击鼠标右键引出下拉菜单项，选择【Save As】，在弹出的数据保存对话框中填写待建数据文件名，选择它所在目录，单击【Save】。

（3）数据文件中全部变量装入内存　单击 HOME 主页选项菜单的图标▢，在弹出的 Open 对话框中选择待装载的数据文件所在目录和数据文件，单击【Open】，即可将所需变量加载到工作空间。

（4）数据文件中部分变量装入内存　选中 HOME 主页选项菜单的图标▾，在弹出的 Import Data 对话框中选择待装载变量对应的数据文件，单击【Open】，打开 Import Wizard 对话框，展示出所选数据文件中所有的变量，勾选好待装载的变量，单击【Finish】，即可将所需变量加载到工作空间。

1.7　M 文件编辑器和 M 脚本文件编写

1.7.1　M 文件编辑器简介

M 文件（带 .m 扩展名的文件）类似于其他高级语言的源程序。M 文件编辑器可用来对 M 文件进行编辑和交互调试，也可阅读和编辑其他 ASCⅡ码文件。M 文件编辑器的启动有以下几种：

1）在 MATLAB 命令窗口中运行指令 edit。

2）单击 HOME 主页选项菜单中新建脚本图标▨，打开空白的 M 文件编辑器窗口。

3）单击 HOME 主页选项菜单中的新建图标➕下面的脚本▨。

4）单击 HOME 主页选项菜单中的▢按钮，再按照弹出对话框中的提示选择已有的 M 文件。

5）在 MATLAB 命令窗口运行指令 edit filename。其中 filename 是已有的文件名，可以不带扩展名，文件名也可以省略不写。

打开 M 文件编辑器，如图 1-8 所示。

M 文件编辑器的一个重要功能就是进行程序代码的调试，对于较复杂的程序可利用 M 文件编辑器提供的调试功能。图 1-9 为 M 文件编辑器的调试功能键，有关这些功能键的使用见第 4 章习题 5。

下面介绍几种常见命令：

- 【Breakpoints】，设置或清除断点，快捷键为 F12。
- 【Run】，保存并运行当前 M 文件，快捷键 F5。
- 【Run and Advance】，继续向前连续执行，快捷键为 Ctrl+Shift+Enter。

当程序代码中有函数调用时，可利用图 1-10 所示的 M 文件编辑器的"堆栈"下拉菜单，选择函数的运行空间。

1.7.2　M 脚本文件的编写

1. M 脚本文件的特点

M 脚本文件的扩展名是".m"。MATLAB 在运行 M 脚本文件时，只是从文件中逐条读取指令，并执行。M 脚本文件运行产生的变量都驻留在 MATLAB 工作空间中（与在指令窗中直接运行的指令一样）。M 脚本文件中指令形式和前后位置，与解决同一问题在指令窗中输入的指令没有任何区别，但用 M 文件编辑器建立的 M 文件便于编辑、调试，并且可以保

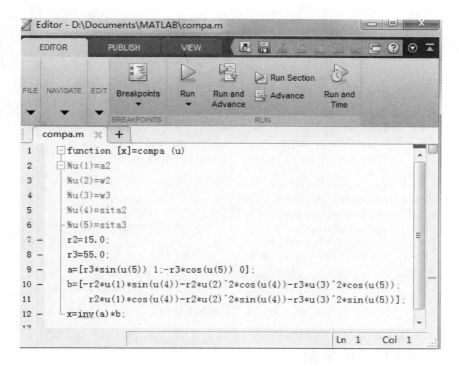

图 1-8　M 文件编辑器

图 1-9　M 文件编辑器的调试功能键

存在指定的目录中供以后使用。

2. M 脚本文件编写和运行

如图 1-11 所示，编写和运行一个 M 文件的步骤如下：

1）单击 HOME 主页选项菜单中图标，弹出 M 文件编辑器窗口。

图 1-10　M 文件编辑器的变量空间切换

2）将指令写入 M 文件编辑器的空白框中（通常在空白框第一行写入包含文件名的注释）。

3）单击 M 文件编辑器的 🖫 图标，并在保存对话框中填写目录和文件名，再按【保存】，M 脚本文件即存于指定的目录中。

4）单击 M 文件编辑器中的【Run】选项即可执行该文件。

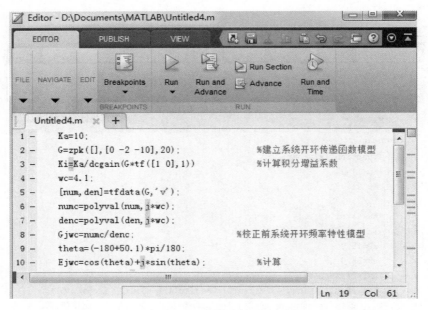

图 1-11　M 文件编辑及运行

1.8　使用 MATLAB 帮助

MATLAB 为用户提供了非常详尽的帮助信息。例如，MATLAB 的在线帮助、pdf 格式的帮助文件、MATLAB 的例子和演示等。

单击 HOME 主页选项菜单中的❓图标，引出如图 1-12 所示的帮助窗口。该帮助窗口由帮助导航器和帮助浏览器两部分构成。其中左边为帮助导航器，右边的帮助浏览器则显示左边窗口对应条目的内容。

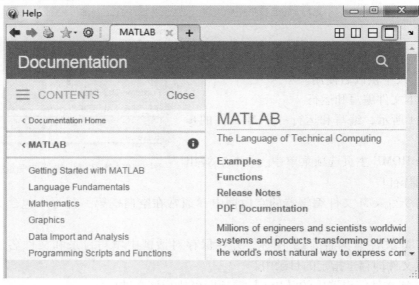

图 1-12　帮助窗口

　　MATLAB 还提供了下拉菜单帮助，即在指令窗中输入一条不知如何使用的指令，用鼠标点亮该指令并单击按鼠标右键，在弹出的下拉菜单中选中【Help on Selection】，则会出现 MATLAB 对该条指令的帮助信息。例如，在指令窗中输入 logm，帮助过程如图 1-13 所示。

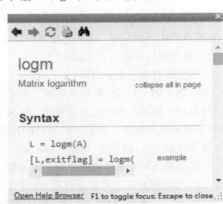

图 1-13　MATLAB 提供的下拉菜单帮助

习　题　1

1. 如何改变 Desktop 操作界面的外貌？如何改变操作界面上铺放的窗口数目？如何改变各窗口的大小？

2. 如何从 Desktop 操作界面弹出"几何独立"的通用界面窗口？又如何使这些独立窗口返回操作界面？

3. 请指出以下的变量名（函数名、M 文件名）中，哪些是合法的？

Abc　　　2004x　　　li1-1　　　wu_　　2004　　　a&b　　　qst. u　　　_ xyz

4. 指令窗口操作

（1）求 $[12+2×(7-4)]÷3^2$ 的算术运算结果。

（2）输入矩阵 A =[1，2，3；4，5，6；7，8，9]，观察输出。

（3）输入以下指令，观察运算结果：

```
clear;x=-8:0.5:8;
y=x';
X=ones(size(y)) * x;
Y=y * ones(size(x));
R=sqrt(X.^2+Y.^2)+eps;
Z=sin(R)./R;
mesh(X,Y,Z);
colormap(hot)
xlabel('x'),ylabel('y'),zlabel('z')
```

5. 在题 4 中的（3）运行后，通过工作空间窗口的运作，采用图形显示内存变量 Z。

6. 通过工作空间窗口删除内存变量。

（1）删除部分内存变量；

（2）删除全部内存变量。

7. 指令行编辑

（1）依次输入以下字符并运行：

$y1 = 2 * \sin(0.3 * pi)/(1+sqrt(5))$

（2）通过反复按键盘的箭头键，实现指令回调和编辑，进行新的计算：

$y2 = 2 * \cos(0.3 * pi)/(1+sqrt(5))$

8. 在指令窗中运用 who、whos 查阅 MATLAB 内存变量，运用 clear 指令删除内存中的变量。

9. 当前目录窗口有哪些主要功能？

10. 工作空间有哪些主要功用？

11. 编写题 4 中（3）的 M 脚本文件，并运行。

12. MATLAB 提供了较好的演示程序，在 MATLAB 的指令窗中输入 demo 则可以直接运行演示程序。试运行 MATLAB 的演示程序，初步了解 MATLAB 的基本使用。

13. 熟悉帮助导航/浏览器（Help Navigator/Browser）。

14. 当需要查找具有某种功能的命令或函数，但又不知道该命令或函数的确切名字时，可使用 lookfor 命令。该命令允许用户通过完整或部分关键字来搜索相关内容，如要了解有关数组的内容，试在指令窗中输入：lookfor array，查看 MATLAB 与数组有关的函数和指令。

第 2 章 | 数组及其运算

数值数组（Numeral Array）和数组运算（Array Operations）是 MATLAB 的核心内容。数组是 MATLAB 最重要的一种数据类型，而数组运算则是定义在这种数据结构上的方法。本章重点阐述 MATLAB 的数值数组及其运算，并简要介绍 MATLAB 其他的一些数据结构，如字符串数组、构架数组、元胞数组（单元数组）等。

2.1 简介

MATLAB 是以复数矩阵作为基本的运算单元，向量和标量都作为特殊的矩阵来处理：向量当作只有一行或一列的矩阵，标量则为只有一个元素的矩阵。

矩阵和数组的概念是有区别的。在非正式情况下，这两个术语通常可以互换，但确切地说，矩阵只是数组的一种特例，它是二维的数值型数组，表示了一种线性变换关系。

从运算的角度来看，矩阵运算与数组运算有显著的不同，它们在 MATLAB 中属于两类不同的运算。矩阵运算是从矩阵的整体出发，依照线性代数的运算规则进行；而数组运算则是从数组的元素出发，针对每个元素进行运算，或者说，无论对数组施加什么运算（加减乘除或函数）总认定此种运算对被运算数组中的每个元素平等地实施同样的操作。

2.2 数值数组的生成和寻访

2.2.1 数值数组的生成

1. 简单的数值数组的生成

（1）逐个元素输入法　对于元素较少的简单的数组，从键盘上直接输入是最常用、最方便的数值数组的创建方法，但要遵循以下几个基本原则：

- 数组（矩阵）每一行中的元素必须用空格或逗号分隔。
- 数组（矩阵）中用分号或回车行表明每一行。
- 整个输入数组（矩阵）必须包含在方括号中。

（2）冒号生成法　该方法用来生成一维数组（向量），其通用格式为

  x=a:inc:b

其中，a 是数组起始值；inc 是采样点之间的间隔，即步长；b 为终止值。

［说明］

- 若（b-a）是 inc 的整数倍，则数组最后一个元素等于 b，否则小于 b。
- inc 可以取正数，也可取负数，省略时默认为 1。如果 inc>0 且 b<a，或 inc<0 且 b>a，则 x 为空向量。

【例 2-1】 利用冒号生成一维数组。

```
x1 = 1:pi
x2 = 0:0.5:pi
x3 = pi:-0.5:0
x1 =
     1      2      3
x2 =
     0    0.5000    1.0000    1.5000    2.0000    2.5000    3.0000
x3 =
   3.1416    2.6416    2.1416    1.6416    1.1416    0.6416    0.1416
```

（3）定数线性采样法 该方法在设定的"总点数"下，均匀采样生成一维"行"数组。其通用格式为

$$x = \text{linspace}(a, b, n)$$

[说明]

- a、b 分别是生成数组的第一个和最后一个元素，n 是采样总点数。
- 该指令与 x = a:(b-a)/(n-1):b 相同。
- 当 n 省略时，总点数默认为 100。

【例 2-2】 利用 linspace（）指令生成一维数组。

```
y1 = linspace(0,pi,6)
y2 = linspace(pi,0,6)
y1 =
        0    0.6283    1.2566    1.8850    2.5133    3.1416
y2 =
   3.1416    2.5133    1.8850    1.2566    0.6283         0
```

比较例 2-1,可以体会这两种方法生成一维数组的差异。

2. 利用 M 文件创建和保存数组

对于经常需要调用的且元素比较多的数组，可专门为该数组创建一个 M 文件。利用 M 文件编辑器输入该数组并保存，以后只要在 MATLAB 指令窗口中，运行该文件，文件中的数组就会自动生成并加载到 MATLAB 内存。

【例 2-3】 创建 matcre.m 文件输入矩阵。

1）单击 MATLAB 的 HOME 主页选项菜单中的图标，启动 MATLAB 的 M 文件编辑窗口，输入矩阵 **A**，如图 2-1 所示。

2）单击 MATLAB 的 HOME 主页选项菜单中的图标，在弹出的对话框中填入文件名 matcre，单击【保存】按钮，如图 2-2 所示。

3）运行文件 matcre.m，或在指令窗中键入 matcre，则矩阵 **A** 即存在于 MATLAB 的工作空间中。

3. 常用数组生成

MATLAB 还提供了一些常用数组生成函数，如表 2-1 所示。这些函数的用法都很灵活，必要时可参看 MATLAB 的联机帮助。

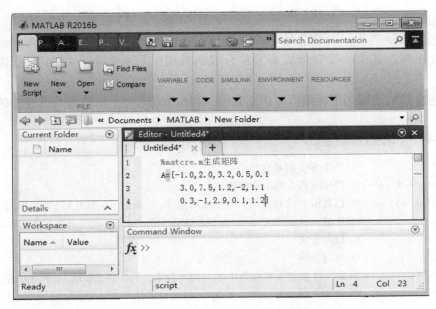

图 2-1　在 M 文件编辑窗口输入矩阵

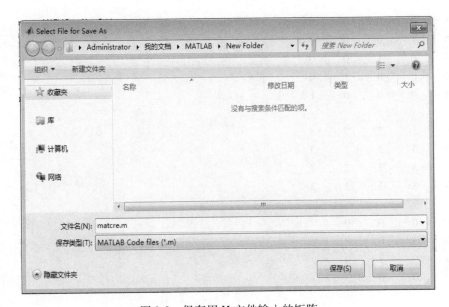

图 2-2　保存用 M 文件输入的矩阵

表 2-1　常用数组生成函数

指令	含　义	举　例	指令	含　义	举　例
diag	产生对角形数组（二维以下）	diag([3,3,3])	rand	产生 0、1 间均匀分布的随机数组	rand(3)
eye	产生单位数组（二维以下）	eye(3)	randn	产生 -1、1 间正态分布随机数组	randn(2,3)
magic	产生魔方数组（二维以下）	magic(3)	zeros	产生全 0 数组	zeros(3,2)
ones	产生全 1 数组	ones(3)			

[说明]

● 利用方括号"[ ]"和逗号",""、分号";",还可以进行数组或矩阵的合成以生成新的数组或矩阵。其中，横向合成要求被合成的数组的行数相同，纵向合成则要求列数相同。

● 对超出数组范围的下标赋值可扩充数组，利用方括号"[ ]"可对已存在的数组进行裁剪。

【例 2-4】 二维数组创建。

```
d=eye(5)              % 产生 5×5 的单位阵
a=3*ones(4,5)         % 产生 4 行 5 列全 3 数组
c=diag(diag(a))       % 以数组 a 的对角线元素生成对角阵(与 diag([3,3,3,3])效果相同)
b=magic(4)            % 生成 4×4 的魔方矩阵(生成的矩阵中行、列及对角线上各元素的和都相等)
cbx=[c,b]             % 横向合成
cby=[c;b]             % 纵向合成
b(4,5)=34             % 将 4×4 数组 b 扩充为 4×5,且第 4 行第 5 列处的元素赋 34,其他扩充元素均赋 0
b(:,5)=[ ]            % 将 4×5 数组 b 的第 5 列删除,裁剪为 4×4
b(1,:)=[ ]            % 将 4×4 数组 b 的第 1 行删除,裁剪为 3×4
```

```
d =
     1     0     0     0     0
     0     1     0     0     0
     0     0     1     0     0
     0     0     0     1     0
     0     0     0     0     1
a =
     3     3     3     3     3
     3     3     3     3     3
     3     3     3     3     3
     3     3     3     3     3
c =
     3     0     0     0
     0     3     0     0
     0     0     3     0
     0     0     0     3
b =
    16     2     3    13
     5    11    10     8
     9     7     6    12
     4    14    15     1
cbx =
     3     0     0     0    16     2     3    13
     0     3     0     0     5    11    10     8
     0     0     3     0     9     7     6    12
     0     0     0     3     4    14    15     1
```

```
cby  =
       3     0     0     0
       0     3     0     0
       0     0     3     0
       0     0     0     3
      16     2     3    13
       5    11    10     8
       9     7     6    12
       4    14    15     1
b =
      16     2     3    13
       5    11    10     8
       9     7     6    12
       4    14    15     1
b =
      16     2     3    13
       5    11    10     8
       9     7     6    12
       4    14    15     1
b =
       5    11    10     8
       9     7     6    12
       4    14    15     1
```

2.2.2　数值数组的寻访

1. 一维数组的寻访

一维数组寻访的一般格式为 X(index)，下标 index 可以是单个正整数或正整数数组，而正整数数组可用冒号表达式生成，其形式为

冒号表达式：s1：s2：s3

其中，s1 为起始值；s2 为步长（省略为 1）；s3 为终止值。

【例 2-5】　一维数组寻访。

```
x = [ 2.0000   1.0472   1.7321   3.0000 + 5.0000i];
x1 = x(3)                    % 取单个数组元
x2 = x([1 2 4])              % 下标为由 [ ] 构成的数组
x3 = x(2:end)               % 下标为由冒号生成法构成的数组
x4 = x(4:-1:1)
x1 =
    1.7321
x2 =
    2.0000              1.0472              3.0000 + 5.0000i
x3 =
    1.0472              1.7321              3.0000 + 5.0000i
```

x4 =

    3. 0000 + 5. 0000i   1. 7321   1. 0472   2. 0000

2. 二维数组的寻访

二维数组在内存中是按列存放的，如 3×3 数组

$$S = \begin{pmatrix} 1 & 2 & 3 \\ 4 & 5 & 6 \\ 7 & 8 & 9 \end{pmatrix}$$

在内存中存放的顺序为

$$1, 4, 7, 2, 5, 8, 3, 6, 9$$

因此二维数组也可同一维数组一样按一个下标进行索引，如 $S(6) = 8$。当然对二维数组最方便的还是按数组的行、列号进行索引，如 $S(3, 2) = 8$。同样，利用 MATLAB 的冒号运算，可更方便地进行数组（矩阵）的子数组（子矩阵）的寻访和赋值。

例如：$A(:, j)$ 表示 A 矩阵第 j 列全部元素。

        $A(i, :)$ 表示 A 矩阵第 i 行全部元素。

        $A(1:3, 2:4)$ 表示对 A 矩阵取第 1~3 行，第 2~4 列中所有元素构成的子矩阵。

【例 2-6】 二维数组寻访。

```
A = rand(3,5)          % 生成 3×5 随机数组 A
A1 = A(1,:)            % 由 A 的第 1 行元素构成的数组 A1
A2 = A(1:2,2:5)        % 由 A 的第 1、2 行，第 2~5 列的元素构成数组 A2
A3 = A([1,3],[2,5])    % 由 A 第 1、3 行和第 2、5 列元素构成数组 A3
A =
    0. 9501    0. 4860    0. 4565    0. 4447    0. 9218
    0. 2311    0. 8913    0. 0185    0. 6154    0. 7382
    0. 6068    0. 7621    0. 8214    0. 7919    0. 1763
A1 =
    0. 9501    0. 4860    0. 4565    0. 4447    0. 9218
A2 =
    0. 4860    0. 4565    0. 4447    0. 9218
    0. 8913    0. 0185    0. 6154    0. 7382
A3 =
    0. 4860    0. 9218
    0. 7621    0. 1763
```

当不知道某个矩阵的维数时，可使用 size 指令查询。如对例 2-6 的矩阵 A 使用 size 指令：

```
size(A)
ans =
    3       5
```

2.3　数组运算和矩阵运算

2.3.1　执行数组运算的常用函数

1. 函数数组运算规则

对于 $(m \times n)$ 数组 $X = \left[x_{ij} \right] m \times n$，函数 $f(\cdot)$ 的数组运算规则是指

$$f(X) = \left[f(x_{ij}) \right]_{m \times n}$$

【例 2-7】　对(3×3)数组 A 求绝对值,只需对数组中每个元素求绝对值。

```
A=[1.0  -2.1  0.3;-4.2  5.2  -6.3 ; 7.1  -0.8  0.9]
abs(A)            %求数组 A 的绝对值
A =
     1.0000   -2.1000     0.3000
    -4.2000    5.2000    -6.3000
     7.1000   -0.8000     0.9000
ans =
     1.0000    2.1000     0.3000
     4.2000    5.2000     6.3000
     7.1000    0.8000     0.9000
```

2. 数组运算的常用函数

MATLAB 提供了大量针对数组的函数运算,这些函数的使用很容易,只要遵循数组运算的规则即可。表 2-2~表 2-5 列出了与机电系统仿真相关的一些常用函数。

表 2-2　三角和超越函数

名称	含义	名称	含义	名称	含义
sin	正弦	asin	反正弦	sinh	双曲正弦
cos	余弦	acos	反余弦	cosh	双曲余弦
tan	正切	atan	反正切	tanh	双曲正切
cot	余切	acot	反余切	coth	双曲余切

表 2-3　指数和对数函数

名称	含义	名称	含义	名称	含义
log2	以 2 为底的对数	log10	常用对数	log	自然对数
exp	指数	pow2	2 的幂	sqrt	平方根

表 2-4　复数函数

名称	含义	名称	含义	名称	含义
abs	模或绝对值	real	复数实部	imag	复数虚部
conj	复数共轭	angle	相角（弧度）		

表 2-5 数值处理函数

名称	含 义	名称	含 义	名称	含 义
fix	向零取整	ceil	向正无穷方向取整	mod	模除求余（与除数同号）
floor	向负无穷方向取整	round	四舍五入	rem	模除求余（与被除数同号）
sign	符号函数				

2.3.2 数组和矩阵运算

1. 数组运算和矩阵运算指令

表 2-6 列出了常用的数组运算和矩阵运算的指令对照，用户应当注意这两种运算之间的区别。

表 2-6 常用的数组运算和矩阵运算指令对照表

数组运算		矩阵运算	
指令	含 义	指令	含 义
A.'	非共轭转置	A'	共轭转置
s+B	标量 s 分别与 **B** 元素之和		
A = s	把标量 s 赋给 **A** 的每个元素		
s. * A	标量 s 分别与 **A** 元素之积	s * A	标量 s 分别与 **A** 元素之积
s./B, B. \ s	s 分别被 **B** 的元素除	s * inv（B）	**B** 的逆乘 s
A.^n	**A** 的每个元素自乘 n 次	A^n	**A** 阵为方阵时，自乘 n 次
A+B	对应元素相加	A+B	矩阵相加
A. * B	对应元素相乘	A * B	内维相同矩阵的乘积
A./B	**A** 的元素被 **B** 的对应元素除	A/B	**A** 右除 **B**
B. \ A	（同上）	B \ A	**A** 左除 **B**
exp（A）	以自然数 e 为底，分别以 **A** 的元素为指数，求幂	expm（A）	**A** 的矩阵指数函数
sqrt（A）	对 **A** 的各元素求平方根	sqrtm（A）	**A** 的矩阵平方根函数
log（A）	对 **A** 的各元素求对数	logm（A）	**A** 的矩阵对数函数

［说明］

● 数组"除、乘方、转置"运算符前的小黑点绝不能省略，否则将按矩阵运算规则进行运算。

● 执行数组与数组之间的运算时，参与运算的数组必须同维，运算所得结果也与参与运算的数组同维。

【例 2-8】 数组与矩阵运算。

```
A = [-1,-2,-3;-4,-5,-6;-7,-8,-9];
B = [1,2,3;4,5,6;7,8,9];
C = A+B * i              % 生成复数数组
CN = C. '               % 非共轭转置
CM = C'                 % 共轭转置
ABN = A. * B            % 数组乘
```

```
ABM = A * B           % 矩阵乘
C =
    -1.0000 + 1.0000i    -2.0000 + 2.0000i    -3.0000 + 3.0000i
    -4.0000 + 4.0000i    -5.0000 + 5.0000i    -6.0000 + 6.0000i
    -7.0000 + 7.0000i    -8.0000 + 8.0000i    -9.0000 + 9.0000i
CN =
    -1.0000 + 1.0000i    -4.0000 + 4.0000i    -7.0000 + 7.0000i
    -2.0000 + 2.0000i    -5.0000 + 5.0000i    -8.0000 + 8.0000i
    -3.0000 + 3.0000i    -6.0000 + 6.0000i    -9.0000 + 9.0000i
CM =
    -1.0000 - 1.0000i    -4.0000 - 4.0000i    -7.0000 - 7.0000i
    -2.0000 - 2.0000i    -5.0000 - 5.0000i    -8.0000 - 8.0000i
    -3.0000 - 3.0000i    -6.0000 - 6.0000i    -9.0000 - 9.0000i
ABN =
    -1      -4      -9
    -16     -25     -36
    -49     -64     -81
ABM =
    -30     -36     -42
    -66     -81     -96
    -102    -126    -150
```

2. 其他数组和矩阵运算指令

norm(V)   可用来求向量 V 的 2 范数。

rank(X)   返回矩阵 X 的秩。

det(X)   返回矩阵 X 的行列式。

poly(X)   计算矩阵 X 的特征多项式,按降幂排列返回特征多项式的系数向量。

eig(X)   返回矩阵 X 的特征根。

inv(X)   求矩阵 X 的逆。

［说明］ 以上指令还有多种调用方式。

2.4 "非数"和"空"数组

2.4.1 非数

非数(Not a Number)指 $0/0$, ∞/∞, $0\times\infty$ 之类的运算,在 MATLAB 中用 NaN 或 nan 表示。NaN 具有以下性质:

- NaN 参与运算所得的结果也是 NaN,即具有传递性。
- 非数没有大小的概念,不能比较两个非数的大小。

非数的功用:

- 真实表示 $0/0$、∞/∞、$0\times\infty$ 运算的结果。
- 避免因这类异常运算而造成程序中断。

- 在数据可视化中,用来裁减图形。

【例 2-9】 非数的产生和性质。

(1) 非数的产生

a=0/0, n=0*log(0)

Warning：Divide by zero.

a =

    NaN

Warning：Log of zero.

n =

    NaN

(2) 非数具有传递性

d=sin(a)

d =

    NaN

【例 2-10】 非数的产生和处理：求近似极限,修补图形缺口,如图 2-3 所示。

```
t=-2*pi:pi/10:2*pi;        % 该自变量数组中存在零值
y=sin(t)./t;               % 在 t=0 处,计算将产生 NaN
tt=t+(t==0)*eps;           % 逻辑数组参与运算,用"机器零 eps"代替 0 元素
yy=sin(tt)./tt;            % 用数值可算的 sin(eps)/eps 近似替代 sin(0)/0
subplot(1,2,1),plot(t,y),axis([-7,7,-0.5,1.2]),
xlabel('t'),ylabel('y'),title('残缺图形')
subplot(1,2,2),plot(tt,yy),axis([-7,7,-0.5,1.2])
xlabel('t'),ylabel('yy'),title('正确图形')
Warning：Divide by zero.
```

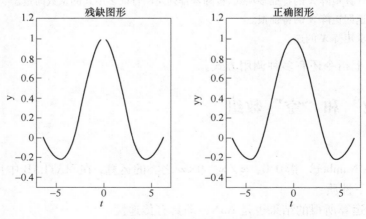

图 2-3 非数的产生及处理

2.4.2 "空"数组

在 MATLAB 中,"空"数组除了用 [ ] 表示外,某维或若干维长度均为 0 的数组都是

"空"数组。

【例 2-11】 "空"数组示例。

```
a=[ ],b=ones(0,2),c=zeros(3,0)    % 创建空数组
A=reshape(-4:5,2,5)               % 生成(2*5)数组
A(:,[1,3])=[ ]                    % 利用空数组进行数组裁减
a =
   [ ]
b =
   Empty matrix: 0-by-2
c =
   Empty matrix: 3-by-0
A =
   -4    -2     0     2     4
   -3    -1     1     3     5
A =
   -2     2     4
   -1     3     5
```

[说明] reshape (Q, m, n) 为生成 $m×n$ 数组，且数组元素由 Q 按列展开。

2.5 数组的关系运算和逻辑运算

关系的比较和逻辑的判断是进行系统仿真经常遇到的问题。和其他高级程序语言一样，MATLAB 也提供了较为完善的关系和逻辑运算指令。MATLAB 对这类操作的有关约定如下：

1) MATLAB 没有定义专门的逻辑变量，在所有关系、逻辑表达式中，作为输入的任何非 0 数都被看成是"逻辑真"，只有 0 被认为是"逻辑假"。

2) 所有关系和逻辑表达式的计算结果，是一个由 0 和 1 组成的逻辑数组。在此数组中的 1 表示"真"，0 表示"假"。

3) 逻辑数组是一种特殊的数值数组，与数值类有关的操作和函数对它也同样适用。但它又不同于普通的数值，它还表示着对事物的判断结论"真"与"假"，因此它又有其自身的特殊用途，如数组寻访等。

2.5.1 关系运算

关系运算符如表 2-7 所示。

表 2-7 关系运算符

指 令	含 义	指 令	含 义
<	小于	>=	大于等于
<=	小于等于	==	等于
>	大于	~=	不等于

［说明］

标量可以与数组比较，比较在此标量和数组每个元素之间进行，比较结果与被比较数组同维。数组与数组比较，两数组的维数必须相同，比较在两数组相同位置上的元素间进行，比较结果与被比数组同维。

【例 2-12】 数组的关系运算。

A = 1:9,B = 10-A,r0 = (A<4) ,r1 = (A = = B) ,r2 = (A>B)

A =

1	2	3	4	5	6	7	8	9

B =

9	8	7	6	5	4	3	2	1

r0 =

1	1	1	0	0	0	0	0	0

r1 =

0	0	0	0	1	0	0	0	0

r2 =

0	0	0	0	0	1	1	1	1

MATLAB 提供的 find（ ） 函数可以查询满足某关系的数组下标，如例 2-12 中寻找数组 A 与数组 B 对应元素相等的元素下标：

find(A = = B)

ans =

5

2.5.2 逻辑运算

逻辑运算符如表 2-8 所示。

表 2-8 逻辑运算符

指令	含义	指令	含义	指令	含义
&	与、和	|	或	~	否、非

［说明］

● 标量可以与数组进行逻辑运算，比较在标量与数组每个元素之间进行，结果与数组同维。

● 数组与数组的逻辑运算，参与运算的数组必须同维，运算在两数组相同位置上的元素间进行，运算结果与参与运算的数组同维。

【例 2-13】 数组的逻辑运算。

A = [0 2 3 4;1 3 5 0];B = [1 0 5 3;1 5 0 5];

C = A&B   % 与运算

D = A | B   % 或运算

E = ~ A   % 非运算

C =

```
      0     0     1     1
      1     1     0     0
D =
      1     1     1     1
      1     1     1     1
E =
      1     0     0     0
      0     0     0     1
```

2.6　字符串数组

　　字符串数组主要用于数据可视化、图形用户界面（GUI）制作等，它与数值数组是不同类型。本节对字符串数组进行简要介绍。

2.6.1　字符串数组的创建与操作

　　1. 字符变量的创建方式

　　字符变量的创建方式是在指令窗中，将待建的字符放在单引号对中，再按<Enter>键（单引号对必须在英文状态下输入）。

　　【例 2-14】　字符串的创建。

```
a='university',b='大学'
a =
    university
b =
    大学
```

　　2. 串数组的大小

　　串数组中每个字符（包括空格和标点）都占据一个元素位，上面输入的数组 a 的大小可用下面指令获得。

```
    size(a)
    ans =
        1    10
```

　　表示这是一个 1×10 的数组。

　　3. 串数组的元素标识

　　在一维串数组中，MATLAB 按自左至右的顺序标识字符的位置，如

```
    b=a(end:-1:1)
    b =
        ytisrevinu
```

　　4. 中文字符串数组

　　在中文字符串数组中，每个字符占一个元素位置，如

A='机械电子工程',size(A)

A =

　　机械电子工程

ans =

　　1　　6

5. 单引号的表示

当串中文字包括单引号时，每个单引号符用两个连续的单引号符表示，如

B='''机械电子工程''',size(B)

B =

　　'机械电子工程'

ans =

　　1　　8

6. 由小串构成长串

B=[A,'研究所']

B =

　　机械电子工程研究所

7. 多行串数组的创建

（1）直接创建　多行串数组的直接创建要保证同一串数组的各行字符数相等，如

AB=[A;' ','机控研究所'],size(AB)

AB =

　　机械电子工程
　　　机控研究所

ans =

　　2　　6

（2）利用串操作函数创建　串操作函数 char（ ）按最长行设置每行长度，其他行的尾部用空格填充，如

AC=char(A,'机控研究所'),size(AC)

AC =

　　机械电子工程
　　机控研究所

ans =

　　2　　6

2.6.2　串操作函数

表2-9为 MATLAB 中部分的字符串操作函数。

【例2-15】　字符串操作函数。

a='this is an',b=' example'

c=strcat(a,b)　　　　　　　%将串 a、b 连接成长串 c

a =

　　this is an

b =

　　example

c =

　　this is an example

表 2-9　字符串操作函数

指　令	含　　义	指　令	含　　义
blanks（n）	创建 n 个空格串	lower（s）	使 s 里英文字母全部小写
char（s1、s2, …）	把串 s1、s2 等逐个写成行，形成多行数组	str2mat（s1, s2, …）	把串 s1、s2 等逐个写成行，形成多行数组，并删除全空行
deblank（s）	删去串尾部的空格符	strcat（s1, s2, …）	把串 s1、s2 等连接成长串
eval（s）	把串 s 当作 MATLAB 指令运行	strncmp（s1, s2, n）	若串 s1、s2 的前 n 个字符相同，则判"真"给出逻辑 1
ischar（s）	s 是字符串，则判"真"给出逻辑 1	strcmp（s1, s2）	若串 s1、s2 相同，则判"真"给出逻辑 1
isspace（s）	以逻辑 1 指示 s 里空格符的位置	strrep（s1, s2, s3）	串 s1 中所有出现 s2 的地方替换为 s3
isletter（s）	以逻辑 1 指示 s 里文字符的位置	upper（s）	使 s 里英文字母全部大写

2.6.3　串转换函数

字符串转换函数用来对不同进制、不同类型的字符串进行转换。部分常用的串转换函数如表 2-10 所示。

表 2-10　部分常用的串转换函数

指　令	含　　义	指　令	含　　义
abs	把串翻译成 ASCII 码	int2str	把整数转换为串
bin2dec	二进制串转换成十进制整数	num2str	把数值转换为串
char	ASCII 码及其他非数值类数据转换成字符串	setstr	把 ASCII 码翻译成串
double	把任何类数据转换成双精度数值	str2num	把串转换为数值

【例 2-16】　串转换函数。

a = rand（2,2）, b = 'example'

c = abs（b）　　　　　　　% 字符串 b 翻译成 ASCII 码串 c

d = char（c）　　　　　　　% 将 ASCII 码串 c 转换成字符串

e = num2str（a）　　　　　% 数值串 a 转换成字符串 e

a =

　　0.9218　　0.1763

　　0.7382　　0.4057

b =

　　example

```
c =
    101    120    97    109    112    108    101
d =
    example
e =
    0.92181    0.17627
    0.73821    0.40571
```

用 size（a），size（e）可清楚看出串 a 与串 e 的差异。

【例 2-17】 字符串应用：绘制 $y = e^{-2t}\sin 3t$，$t = [0, 10]$，并标注峰值和峰值时间，如图 2-4 所示。

a=2;	% 设置衰减系数
w=3;	% 设置振荡频率
t=0:0.01:10;	% 取自变量采样数组
y=exp(-a*t).*sin(w*t);	% 计算函数值,产生函数数组
[y_max,t_max]=max(y);	% 找最大值元素,返回最大值及元素位置
t_text=['t=',num2str(t(t_max))];	% 生成最大值点的横坐标字符串
y_text=['y=',num2str(y_max)];	% 生成最大值点的纵坐标字符串
max_text=char('maximum',t_text,y_text);	% 生成标志最大值点的字符串
tit=['y=exp(-',num2str(a),'t)*sin(',num2str(w),'t)'];	% 生成标志图名用的字符串
hold on	% 保持绘制的线不被清除
plot(t,y,'b')	% 用蓝色画 y(t)曲线
plot(t(t_max),y_max,'r.')	% 用红点标记最大值点
text(t(t_max)+0.3,y_max+0.05,max_text)	% 在图上书写最大值点的数据值
title(tit),xlabel('t'),ylabel('y'),hold off	% 书写图名、横坐标名、纵坐标名

［说明］ 指令 max_text = char（'maximum'，t_text，y_text），表示生成字符串数组，共有三串（分为三行），且每串字符数相同（不够则补空格）。

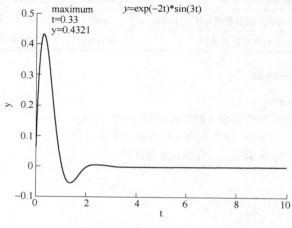

图 2-4 例 2-17 执行结果

2.7　元胞数组

元胞（Cell）数组（也称为单元数组）的基本元素（Element）是元胞（或单元）。每个元胞在数组中是平等的，它们只能以下标区分。元胞可存放任何类型、任意大小的数组，而且同一个元胞数组的各元胞中的内容可以不同。

2.7.1　元胞数组的创建和显示

1. 元胞外标识和元胞内寻访

对于元胞数组，寻访元胞和寻访元胞的内容是两种不同的操作。

（1）元胞外标识　表示元胞数组中某个元胞的位置，用圆括号（）。如 A（2，3），表示 A 元胞数组中第二行、三列元胞元素。

（2）元胞内寻访　表示元胞数组中某个元胞的内容，用花括号 {}。如 A {2，3}，表示 A 元胞数组中第二行、第三列元胞中内容。

2. 创建和显示

根据元胞数组两种不同的寻访方式，其创建和显示也有两种不同方法。

（1）创建　设有以下元素：

C_str＝char（'这是'，'元胞数组创建算例 1'）；
R＝reshape（1:9，3，3）；
Cn＝[1+2i]；
S_sym＝sym（'sin（−3 * t）* exp（−t）'）；

● 外标识元胞元素赋值法

A（1，1）＝{C_str}；A（1，2）＝{R}；
A（2，1）＝{Cn}；A（2，2）＝{S_sym}；

● 内编址元胞元素内涵赋值法

B{1，1}＝C_str；B{1，2}＝R；B{2，1}＝Cn；B{2，2}＝S_sym；

（2）显示

● 直接输入元胞数组名：A，则显示

A ＝
　　[2x10 char]　　[3x3 double] [1.0000+ 2.0000i]　　[1x1 sym　　]

即只显示元胞所存内容属性（"单"元素元胞除外）。

● 使用函数 celldisp（）

执行 celldisp（B），则显示

B{1，1} ＝
　　　　这是元胞数组创建算例 1
B{2，1} ＝
　　　　1.0000 + 2.0000i

B{1,2} =

$$\begin{matrix} 1 & 4 & 7 \\ 2 & 5 & 8 \\ 3 & 6 & 9 \end{matrix}$$

B{2,2} =

$$\sin(-3*t)*\exp(-t)$$

即显示元胞数组全部内容（当然也可只显示元胞数组部分内容）。

【例 2-18】 元胞数组在存放和操作字符串上的应用。

a='MATLAB R2016b   ';b='introduces new data types:';
c1='◆Multidimensional array';c2='◆User-definable data structure';
c3='◆Cell arrays';c4='◆Character array';
c=char(c1,c2,c3,c4);
C={a;b;c};   % C 为元胞数组
disp([C{1:2}])   % 显示 C 的第 1、2 个单元内容
disp(' ')   % 显示空行
disp(C{3})   % 显示 C 的第 3 个单元内容
MATLAB R2016b   introduces new data types:
◆Multidimensional array
◆User-definable data structure
◆Cell arrays
◆Character array

例中，disp（s）为显示指令，s 为待显示内容。

2.7.2 元胞数组内容的调取

1. 取一个元胞（参见例 2-18，下同）

f1=C(3)
f1 =
    [4x30 char]

2. 取一个元胞内容

f2=C{3}
f2 =
◆Multidimensional array
◆User-definable data structure
◆Cell arrays
◆Character array

3. 取元胞内子数组

f3=C{3}(:,[1 2])
f3 =
◆M
◆U
◆C
◆C

2.8　构架数组

构架数组（Structure Array）与元胞数组类似，但其组织数据能力比元胞数组更强、更富于变化。

构架数组的基本元素是构架，且每个构架是平等的，它们以下标区分。例如设 A 为（3×3）构架数组，则 A（3，2）表示其中的第 8 个构架。构架必须在划分"域"后才能使用，数据只能放在域中，如 B. p 表示构架数组 B 的域 p。构架的域可以存放任何类型任何大小的数组，而且不同构架的同名域中存放的内容可以不同。

【例 2-19】　用下面的语句可以建立一个小型的数据库。

```
student_rec. number = 1;
student_rec. name = 'Alan Shearer';
student_rec. height = 180;
student_rec. test = [100, 80, 75; 77, 60, 92; 67, 28, 90; 100, 89, 78];
student_rec                % 显示构架
student_rec. test          % 显示构架的域 test 内容
```

这是一个单构架，共有 4 个域。执行以上程序后，指令窗中将分别显示构架结构和构架的域 test 内容。

```
student_rec =
    number: 1
      name: 'Alan Shearer'
    height: 180
      test: [4 * 3 double]
ans =
   100    80    75
    77    60    92
    67    28    90
   100    89    78
```

通常在指令窗口输入构架名时只能显示该构架的结构，而不显示该构架域中的具体内容，除非该构架域中的内容是极为简单的数值变量或单行字符串。有关构架数组的应用还可参见例 9-1。

习 题 2

1. 在指令窗口中输入：x = 1:0.2:2 和 y = 2:0.2:1，观察所生成的数组。
2. 要求在 [0，2π] 上产生 50 个等距采样数据的一维数组，试用两种不同的指令实现。
3. 计算 $e^{-2t}\sin t$，其中 t 为 [0，2π] 上生成的 10 个等距采样的数组。
4. 已知 $A = \begin{pmatrix} 1 & 2 \\ 3 & 4 \end{pmatrix}$，$B = \begin{pmatrix} 5 & 6 \\ 7 & 8 \end{pmatrix}$，计算矩阵 A、B 乘积和点乘。
5. 对题 4 中的 A，令 $A(:, 3) = [5; 6]$ 生成 2×3 数组，利用 reshape（A，3，2）指令，使 A 重构为 3×

2 数组，再利用"〔 〕"裁去重构后的数组 A 的第一列，求最后结果。

6. 已知 $A = \begin{pmatrix} 0 & 2 & 3 & 4 \\ 1 & 3 & 5 & 0 \end{pmatrix}$，$B = \begin{pmatrix} 1 & 0 & 5 & 3 \\ 1 & 5 & 0 & 5 \end{pmatrix}$，计算 $A \& B$，$A | B$，$\sim A$，$A = = B$，$A > B$。

7. 先产生一个 3×3 的正态随机矩阵 A，再用 floor（A）、ceil（A）、fix（A）、round（A），进行 A 的取整运算，体会不同取整方法的效果。

8. 将题 5 中的 A 阵用串转换函数转换为串 B，再用 size 指令查看两者的结构有何不同。

9. MATLAB 中所有计算都采用双精度格式，但在屏幕上显示的数据在默认设置时均为 5 位定点数。用户可以通过使用 format 指令确定数据显示的位数，如 format long、format long e、format long g、format short g 分别表示显示 15 位定点数、15 位浮点数、最佳 15 位定点数或浮点数、5 位浮点数。对题 5 中的 A，若输入：format long，A，则 A 将显示 15 位定点数，请尝试一下。

第3章 │ 数据和函数的可视化

数据可视化是数据分析、系统分析的一种重要方法。MATLAB 具有丰富且易于理解和使用的绘图指令，数据和函数的可视化是 MATLAB 的重要组成部分。

3.1 二维曲线绘图

3.1.1 plot 的基本调用格式

plot 是二维曲线绘图中最重要、最基本的指令，其他许多特殊绘图指令都是以它为基础而衍生出来的。

1. plot(X, 's')

● 当 X 为实向量或一维数组时，以该向量或数组元素的下标为横坐标，元素值为纵坐标画一条连续曲线。

● 当 X 为实矩阵时，每列元素值相对其下标绘制成一条曲线。绘制曲线条数等于 X 的列数。

● 当 X 为复数矩阵时，每列元素的实部和虚部分别作为横、纵坐标绘制成一条曲线。

● s 用来指定线型、色彩等，省略时为 MATLAB 默认设置。

【例 3-1】 plot(X)。

```
t=(0:pi/50:2*pi)';    % 生成(101*1)的时间采样列向量
k=0.4:0.1:1;          % 生成(1*7)的行向量
X=cos(t)*k;           % 生成(101*7)的矩阵
plot(X)               % 按默认设置绘制曲线,横坐标为每列元素对应的下标
```

执行结果如图 3-1 所示。

2. plot(X, Y, 's')

● 当 X、Y 是同维向量时，X、Y 元素分别作为横、纵坐标绘制曲线。

● 当 X 是列向量，Y 是与 X 等行的矩阵时（或 X 是行向量，Y 是与 X 等列的矩阵），均以 X 为横坐标，Y 为纵坐标，按 Y 的列数（行数）绘制多条曲线。

● 当 X 是矩阵，Y 是向量时，以 Y 为纵坐标，按 X 的列数（或行数）绘制多条曲线。

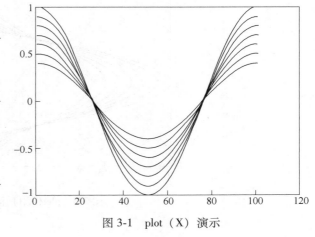

图 3-1 plot（X）演示

● 当 **X**、**Y** 是同维矩阵时，以 **X**，**Y** 每列对应的元素分别作为横、纵坐标，绘制一条曲线。绘制曲线条数等于矩阵列数。

● s 的意义与其在 plot(X, 's') 中相同。

【例 3-2】 plot(X, Y)。

```
t = (0:pi/50:2 * pi)';        % 生成(101 * 1)的列向量
k = 0.4:0.1:1;                % 生成(1 * 7)的行向量
X = cos(t) * k;               % 生成(101 * 7)的矩阵
plot(t, X)                    % 以 t 为横坐标，X 为纵坐标，按 Y 的列数绘制曲线
```

执行结果如图 3-2 所示。

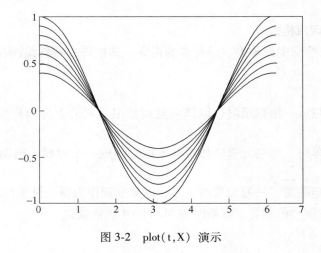

图 3-2　plot(t, X) 演示

对比图 3-2 与图 3-1，不难看出 plot(t，X) 与 plot(X) 的差异。将例 3-2 中的绘图指令改为 plot(X, t)，曲线如图 3-3 所示。

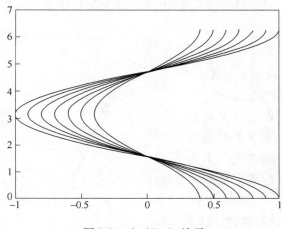

图 3-3　plot(X, t) 演示

3.1.2 曲线的色彩、线型和数据点型

1. 色彩和线型

表 3-1 色彩和线型

线型	符号	-		:		-.		--	
	含义	实线		虚线		点划线		双划线	
色彩	符号	b	g	r	c	m	y	k	w
	含义	蓝	绿	红	青	品红	黄	黑	白

[说明]

● plot 指令的输入参量 s 可由线型符、色彩符中各选一个符号组合而成，则所绘曲线由指定的线型、色彩确定。

● 当's'默认时，默认设置为：曲线一律用"实线"线型；不同曲线按表中所给前七种颜色顺序着色，依次为蓝、绿、红等。

【例 3-3】 用图形表示连续调制波形 $y = \sin(t)\sin(9t)$ 及其包络线。

```
t = (0:pi/100:pi)';          % 生成(101*1)的时间采样列向量
y1 = sin(t)*[1,-1];          % 生成(101*2)的矩阵(包络线函数值)
y2 = sin(t).*sin(9*t);       % 生成(101*1)的调制波列向量
plot(t,y1,'r:',t,y2,'b')     % 用红虚线绘 y1,用蓝实线绘 y2
axis([0,pi,-1,1])
```

执行结果如图 3-4 所示。

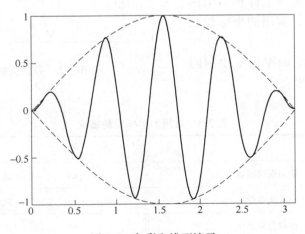

图 3-4 色彩和线型演示

2. 数据点型

数据点型用来标志数据点，既可单独使用，也可与色彩、线型组合使用，如表 3-2 所示。

表 3-2 数据点型

符号	含 义	符号	含 义	符号	含 义
.	实心黑点	^	朝上三角符	d	菱形符
+	十字符	*	米字符	h	六角星符
>	朝右三角符	o	空心圆符	p	五角星符
<	朝左三角符	×	叉字符	s	方块符

【例 3-4】 数据点型演示。

```
t=(0:pi/100:pi)';        % 生成(101 * 1)的时间采样列向量
y2=sin(t). * sin(9 * t); % 生成(101 * 1)的调制波列向量
t1=pi * (0:9)/9;         % 生成(10 * 1)数据标志点采样列向量
y3=sin(t1). * sin(9 * t1); % 生成(10 * 1)数据标志点数据
plot(t,y2,'b',t1,y3,'bp') % 用蓝实线绘 y2,用☆对 y3 进行标志
axis([0,pi,-1,1])        % 设定 X、Y 轴的坐标范围
```

执行结果如图 3-5 所示。

3.1.3 图形控制

图形控制用于获得满意的画面。在一般绘图时可采用 MATLAB 的默认设置，但用户也可根据需要改变默认设置。

1. 坐标控制

坐标控制用于确定各坐标轴的坐标范围以及刻度的取法，常用的坐标控制指令如表 3-3 所示。

图 3-6 为用不同的轴控指令绘制同一个椭圆所得到的效果。

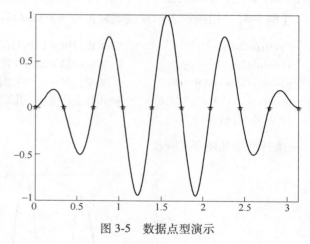

图 3-5 数据点型演示

表 3-3 常用的坐标控制指令

指 令	含 义	指 令	含 义
axis auto	使用默认设置	axis equal	纵、横轴为等长刻度
axis ij	矩阵式坐标	axis normal	默认矩形坐标系
axis xy	普通直角坐标	axis square	正方形坐标系
axis(V) V=[x1,x2,y1,y2] V=[x1,x2,y1,y2,z1,z2]	人工设定坐标范围。设定值: 二维，4 个;三维，6 个	axis tight	正方形坐标系，坐标范围为数据范围
axis fill	使坐标填满整个绘图区	axis image	纵、横轴为等长刻度，且坐标框紧贴数据范围

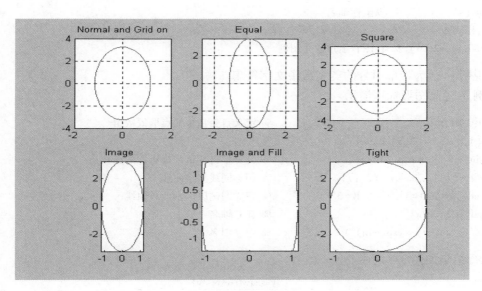

图 3-6 轴控指令图

2. 分格线和坐标框

grid on	% 画出分格线
grid off	% 不画分格线
box on	% 使当前坐标呈封闭形式
box off	% 使当前坐标呈开启形式

［说明］ grid off 和 box on 为默认形式，即图 3-7 的中间图。图 3-7 中的左、右图分别为将中图中的 grid off 换成 grid on 和 box off 时所形成的图形。

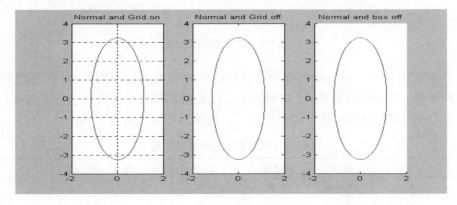

图 3-7 分格线和坐标框

3. 图形标识
（1）简捷格式

| title(s) | % 书写图名 |
| xlable(s) | % 横坐标轴名 |

```
ylable(s)              % 纵坐标轴名
text(x,y,s)            % 在(x,y)处写字符注释
legend(s1,s2,…)        % 在图右上角建立图例
```

［说明］　s 为带单引号的英文或中文字符串。

【例 3-5】　图形标识演示。

```
t=0:0.01:pi;                    % 定义自变量采样点取值数组
B=[1,3]';w=[2,5]';              % 计算各自变量采样点上的函数值
y=sin(w*t).*exp(-B*t);
plot(t,y(1,:),'-.',t,y(2,:))    % 用不同线型绘曲线
legend('w=2,B=1','w=5,B=3')     % 建立图例以区别两条曲线
xlabel('t'),ylabel('y')         % 建立轴名
title('y=sin(wt)*exp(-Bt)')     % 建立图名
```

执行结果如图 3-8 所示。

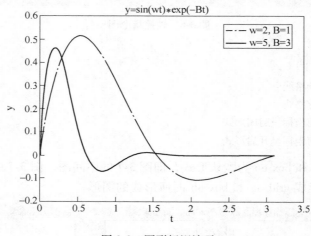

图 3-8　图形标识演示

（2）精细指令形式　利用精细指令可以对图形的标识进行精细控制，如在图形指定位置显示各种字符，公式中的上下标、各种符号，或者对字体大小、风格进行控制等。表 3-4～表 3-7 给出了常用的部分精细指令的设置形式，具体的使用可参考例 3-6。

表 3-4　图形标识用的希腊字母

指　令	字　符	指　令	字　符	指　令	字　符	指　令	字　符
\alpha	α	\omega	ω	\eta	η	\lambda	λ
\beta	β	\Omega	Ω	\theta	θ	\Lambda	Λ
\xi	ξ	\gamma	γ	\Theta	Θ	\sigma	σ
\delta	δ	\Gamma	Γ	\zeta	ζ	\Sigma	Σ
\Delta	Δ	\epsilon	ε	\rho	ρ	\tau	τ
\pi	π	\Pi	Π	\phi	φ	\Phi	Ψ
\mu	μ	\psi	ψ	\Psi	Ψ	\Nu	ν

表 3-5　图形标识用的其他特殊字符

指令	字符	指令	字符	指令	字符	指令	字符
\approx	≈	\equiv	≡	\geq	⩾	\infty	∞
\cong	≅	\pm	±	\leq	⩽	\ldots	⋯
\div	÷	\neq	≠	\propto	∝	\partial	∂
\int	∫	\times	×	\sim	~	\leftrightarrow	↔

表 3-6　上下标控制指令

指　令	含　义	arg 取值
^{arg}	上标	任何合法字符
_{arg}	下标	

表 3-7　字体控制指令

指　令	含　义	arg 取值
\fontname {arg}	字体名称	Arial；courier；roman；宋体；黑体⋯
\fontsize {arg}	字体大小	正整数（默认值为 10）
\arg	字体风格	bf（黑体），it（斜体），rm（正体）（默认为正体）

［说明］凡 Windows 字库中的字体都可以调用。

【例 3-6】　精细指令演示。

```
t=0:0.01:pi;                      % 定义自变量采样点取值数组
B=[1,3]';w=[2,5]';
y=sin(w*t).*exp(-B*t);            % 计算各自变量采样点上的函数值
plot(t,y(1,:),'-.',t,y(2,:))      % 用不同线型绘曲线
legend('\rm\omega=2,\bf\alpha = 1','\rm\omega=5,\bf\alpha =3')   % 建立图例以区别两条曲线
xlabel('\fontsize{14}\bft')       % 建立 x 轴名(14 号黑体)
ylabel('\fontsize{14}y')          % 建立 y 轴名(14 号正体)
title('\rm y=1-e^{-\alphat}sin\omegat')   % 建立图名(上标和希腊字母)
```

执行结果如图 3-9 所示。

比较图 3-8 与图 3-9 可看出精细指令在图形标识中的作用。

4. 双纵坐标图

把同一自变量的两个不同量纲、不同数量级的函数绘制在同一张图上，即为双纵坐标图。

```
plotyy(X1,Y1,X2,Y2)               以左右不同纵轴绘制 X1-Y1，X2-Y2 两条曲线
plotyy(X1,Y1,X2,Y2,FUN)           以左右不同纵轴把 X1-Y1，X2-Y2 绘制成 FUN 指定形式的两
                                  条曲线
plotyy(X1,Y1,X2,Y2,FUN1,FUN2)     以左右不同纵轴把 X1-Y1，X2-Y2 绘制成 FUN1，FUN2 指定的
                                  不同形式的两条曲线
```

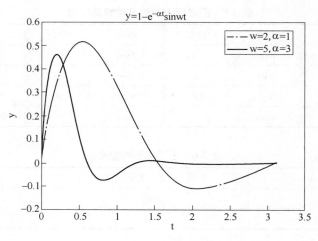

图 3-9 精细指令演示

［说明］

- 左纵轴用于 X1-Y1 数据对，右纵轴用于 X2-Y2 数据对。
- 轴的范围、刻度自动产生。
- FUN，FUN1，FUN2 为 MATLAB 中所有接受 X-Y 数据对的二维绘图指令。
- ［AX，H1，H2］=plotyy（X1，Y1，X2，Y2，'plot'）还可分别设置左、右纵轴的轴名及对应曲线的线型，参见 9.4.1 节中的图 9-57。

【例 3-7】 已知系统的单位阶跃响应 $y = 1 - e^{-\xi\omega_n t} \cdot \dfrac{1}{\sqrt{1-\xi^2}} \sin\left(\omega_d t + \arctan\dfrac{\sqrt{1-\xi^2}}{\xi}\right)$ 和单位脉冲响应 $\dot{y} = \dfrac{\omega_n}{\sqrt{1-\xi^2}} e^{-\xi\omega_n t}\sin\omega_d t$ ，其中 $\omega_d = \omega_n\sqrt{1-\xi^2}$ ，$\omega_n = 5\mathrm{rad/s}$，$\xi = 0.5$。用双纵坐标图画出这两个函数在区间 ［0，4］ 上的曲线，如图 3-10 所示。

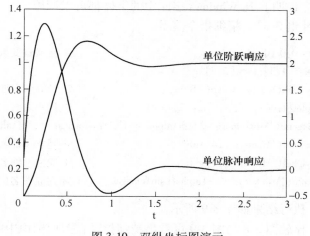

图 3-10 双纵坐标图演示

```
t=0:0.02:3;                                          % 定义自变量采样点取值数组
xi=0.5;wn=5;
sxi=sqrt(1-xi^2);
sita=atan(sxi/xi);
wd=wn*sxi;
y1=1-exp(-xi*wn*t).*sin(wd*t+sita)/sxi;              % 计算单位阶跃响应
y2=wn*exp(-xi*wn*t).*sin(wd*t)/sxi;                  % 计算单位脉冲响应
```

```
plotyy(t,y1,t,y2)
text(2,0.3,'\fontsize{14}\fontname{楷体}单位脉冲响应')      % 在指定位置给出注释
text(2,1.1,['\fontsize{14}\fontname{黑体}单位阶跃响应'])    % 在指定位置给出注释
xlabel('\fontsize{14}\bft')                                % 建立 x 轴名
```

5. 多子图

MATLAB 允许用户在同一个图形窗里布置多幅独立的子图，指令格式如下：

```
subplot(m,n,k)                            % 使(m×n)幅子图中的第 k 幅成为当前图
subplot('position',[left bottom widt hight])   % 在指定位置开辟子图,并成为当前图
```

- k 为子图编号。子图序号的原则是：左上方为第一幅，向右、向下依次排序。
- 指定子图位置的四元组采用归一化的标称单位，即认为图形窗的宽、高的取值范围均为 [0, 1]，而左下角的坐标为 (0, 0)。
- subplot 指令产生的子图间彼此独立，所有的绘图指令都可用于子图。

【例 3-8】　多子图演示。

```
t=(pi*(0:1000)/1000)';
y1=sin(t);y2=sin(10*t);y12=sin(t).*sin(10*t);
subplot(2,2,1),plot(t,y1);axis([0,pi,-1,1])      % 分为 2×2 共 4 幅子图,左上角为子图一
subplot(2,2,2),plot(t,y2);axis([0,pi,-1,1])      % 右上角为子图二
subplot('position',[0.2,0.05,0.6,0.45])          % 子图三
plot(t,y12,'b-',t,[y1,-y1],'r:');axis([0,pi,-1,1])
```

执行结果如图 3-11 所示。

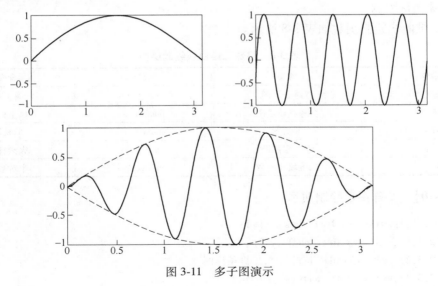

图 3-11　多子图演示

6. 多次叠绘

MATLAB 允许用户在已存在的图上再绘制一条或多条曲线。

```
hold on                % 保持当前轴及图形,准备接受以后将绘制的新曲线
```

```
hold off                    % 当前轴及图形不再具备不被刷新的性质。
```

【例 3-9】 多次叠绘演示。

```
clf;
t=2*pi*(0:20)/20;
y=cos(t).*exp(-0.4*t);
stem(t,y,'g');              % 画 t 时刻离散点(绿色)
hold on;
stairs(t,y,'r');            % 在同一幅图上画离散点的阶梯信号(红色)
hold off
```

执行结果如图 3-12 所示。

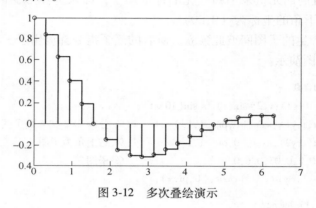

图 3-12　多次叠绘演示

7. 特殊图形绘制

特殊二维曲线绘制函数如表 3-8 所示。

表 3-8　特殊二维曲线绘制函数

指令	含义	指令	含义
bar ( )	二维条形图	hist ( )	直方图
comet ( )	彗星状轨迹图	polar ( )	极坐标图
compass ( )	罗盘图	stairs ( )	阶梯图
errorbar ( )	误差限图形	stem ( )	火柴杆图
fill ( )	二维填充函数	semilogx ( )	半对数图

【例 3-10】 特殊图形绘制演示。

```
t=0:0.3:2*pi;y=exp(-0.1*t).*sin(t)+1;
subplot(2,3,1),plot(t,y);title('plot(t,y)')
subplot(2,3,2),bar(t,y);title('bar(t,y),二维条形图')
subplot(2,3,3),hist(y);title('hist(y),直方图')
subplot(2,3,4),polar(t,y);title('polar(t,y),极坐标图')
subplot(2,3,5),stem(t,y);title('stem(t,y),火柴杆图')
subplot(2,3,6),semilogy(t,y);title('semilogy(t,y),y 半对数图')
```

执行结果如图 3-13 所示。

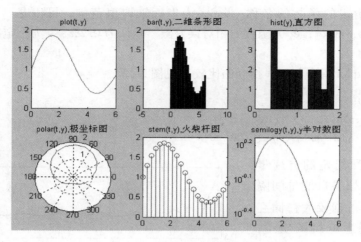

图 3-13　特殊图形绘制演示

8. 给定函数的曲线绘制指令

MATLAB 提供了两个由隐函数或函数句柄形式给出的函数的曲线绘制指令，各有其特点。

（1）ezplot 指令

　　　ezplot（f）

　　　ezplot（f, limits）

其中，f = f(x, y) 或 f = f(x) 为用符号函数表示的隐函数；limits 为指定的坐标轴取值范围可以是［xmin, xmax］或［xmin, xmax, ymin, ymax］（当不指定数据范围时，则默认为［-2π, 2π］）。

【例 3-11】　绘制隐函数 $x^2 + xy + y^2 = 10$ 图形。

```
clf
ezplot('x^2+x * y+y^2-10')
axis([-4,4,-4,4])
```

执行结果如图 3-14 所示。

［说明］

● 指令 ezplot（'x^2+x * y+y^2-10', ［-4,4,-4,4］）与上面指令效果相同。

● 图 3-14 的图名由 ezplot（）绘图指令自动给出。

（2）fplot 指令

fplot 指令能根据给定的函数自动调整数据点之间的间隔，该指令常用的调用格式如下。

fplot（f, limits, er, s）

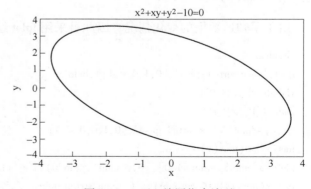

图 3-14　ezplot 绘图指令演示

其中，f 为给定的函数的名称；limits 为坐标轴取值范围，可以是 [xmin,xmax] 或 [xmin,xmax,ymin,ymax]；er 为函数的相对误差限，默认为 0.2%；s 为指定线型、颜色等的字符串。

【例 3-12】 fplot 指令与 plot 指令的比较（见图 3-15）。

```
x = 0.0001:2:50;
subplot(2,1,1);plot(x,sin(x)./(x))
subplot(2,1,2);fplot('sin(y)./y',[.0001 50])
```

plot 指令按照给定的自变量间隔绘制曲线，如果自变量间隔取得过密，则需占据较大存储空间，取得过疏则影响绘图质量；fplot 指令则自动确定自变量间隔，如果数据变化较大，则间隔取密，否则取疏。

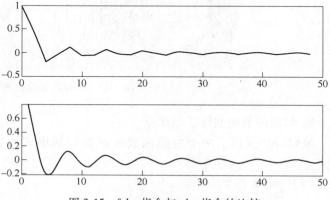

图 3-15 fplot 指令与 plot 指令的比较

【例 3-13】 零开口四边滑阀的流量方程为 $Q_L = Kx_v\sqrt{p_s - p_L} = K\sqrt{p_s}\,x_v\sqrt{1 - \dfrac{p_L}{p_s}}$，其中 p_s、p_L 分别为阀的供油压力和负载压力，K、x_v 分别为阀的系数和阀的开口量。阀的输出功率 $N_L = p_L Q_L = Kx_v\sqrt{p_s^{\,3}}\,\dfrac{p_L}{p_s}\sqrt{1 - \dfrac{p_L}{p_s}}$ 将随负载压力的变化而变化。为研究阀的输出功率与负载压力的关系，设 $N_0 = Kx_v\sqrt{p_s^{\,3}}$，由 $\dfrac{N_L}{N_0} = \dfrac{N_L}{Kx_v\sqrt{p_s^{\,3}}} = \dfrac{p_L}{p_s}\sqrt{1 - \dfrac{p_L}{p_s}} \in [0,\ 0.4]$，$pls = \dfrac{p_L}{p_s} \in [0,\ 1]$，绘制 $\dfrac{N_L}{N_0}$ 与 pls 的关系曲线。

由于不知道数据的变化情况，因此可采用 fplot 绘图指令，如下：

```
clf,clear
fplot('pls * sqrt(1-pls)',[0,1,0,0.4]),hold on
ylabel('N_L/N_0')
xlabel('P_L/P_s')
[x,y]=fplot('pls * sqrt(1-pls)',[0,1,0,0.4]);    % 获取所绘曲线的坐标向量
imax=find(max(y)= =y)                            % 寻找函数最大值所对应的序号
plot([x(imin),x(imin),0],[0,y(imin),y(imin)],'r:');hold off
text(x(imin)+0.08,y(imin),['(',num2str(x(imin)),',',num2str(y(imin)),')'])
```

所绘制的曲线为无因次曲线如图 3-16 所示。由图可知，当负载压力约为 2/3 供油压力时，滑阀有最大输出功率，这也是为什么电液伺服系统通常将最大功率点的负载压力设为

2/3 系统供油压力的原因。

［说明］

● C＝max（Y）用于求 Y 中的最大值。若 Y 为向量，则返回向量中最大的元素值给 C；若 Y 为矩阵，则 C 为与 Y 的列数相同的向量，C 中的每个元素为 Y 中所对应列的最大元素值。

● W＝find（X）将返回数组 X 中所有非零元素在 X 中的序号给 W。

9. 交互式图形指令

以下指令可以借助鼠标实现图形操作：

［x,y］＝ginput（n）

该指令用鼠标从二维图形上获取 n 个点的数据坐标（x，y）。操作方法如下：

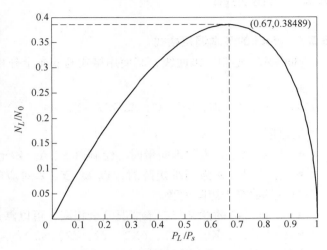

图 3-16　fplot 指令绘制的无因次曲线

1）该指令运行后，会把当前图形从后台调到前台，同时鼠标光标变为十字形。

2）用户移动鼠标使十字形移到待取坐标点。

3）单击鼠标左键便获取该点数据。

4）当 n 个点数据全部取完后，图形窗便退回后台。

【例 3-14】　获取图形数据，如图 3-17 所示。

dx＝0.1；x＝0:dx:4；y＝x.＊sin（x）；

plot（x,y）

［x1,y1］＝ginput（4）

则鼠标在图形窗上成十字形，选取 4 个点后，指令窗将显示该 4 个点的坐标值。

x1 =

　　1.1198

　　2.0046

　　3.1567

　　3.4424

y1 =

　　0.9737

　　1.8333

　　0.0088

　　−1.0088

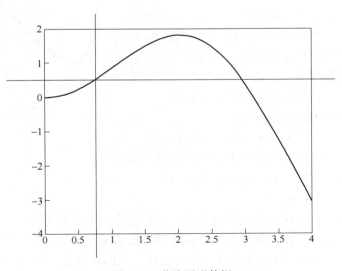

图 3-17　获取图形数据

3.2 三维绘图

3.2.1 plot3 的基本调用格式

plot3 用于绘制三维曲线，其使用格式与 plot 十分相似。具体调用格式如下：

plot3（X，Y，Z，'s'）

plot3（X1，Y1，Z1，'s1'，X2，y2，Z2，'s2'，…）

［说明］

- 当 X、Y、Z 为同维向量时，绘制以 X、Y、Z 元素为 x、y、z 坐标的三维曲线。
- 当 X、Y、Z 为同维矩阵时，以 X、Y、Z 对应的列元素为 x、y、z 坐标分别绘制曲线，曲线条数等于矩阵列数。
- s、s1、s2 的意义与二维情况完全相同，可以默认。
- （X1，Y1，Z1，'s1'）、（X2，Y2，Z2，'s2'）的结构和作用与（X，Y，Z，'s'）相同。

【例 3-15】 三维曲线绘图演示（见图 3-18）。

t=（0:0.02:2）* pi;

x=sin(t);y=cos(t);z=cos(2 * t);   % 产生数据

plot3(x,y,z,'b-',x,y,z,'bd')   % 三维曲线绘图(蓝实线和蓝菱形)

box on   % 坐标呈封闭形式

legend('链','宝石')   % 在右上角建立图例

3.2.2 三维网线图和曲面图

plot3 只能绘制单参数的三维曲线图，而三维网线图和曲面图则比较复杂，简介如下。

1. 数据准备

画函数 $z = f(x, y)$ 所代表的三维空间曲面，需要做以下数据准备：

1）确定自变量 x、y 的取值范围和取值间隔。

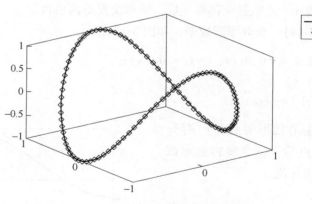

图 3-18 三维曲线绘图演示

x = x1: dx: x2; y = y1: dy: y2

2）构成 xy 平面上的自变量"格点"阵。

［X，Y］= meshgrid(x，y)

［说明］

- X 由 x 按行复制而成，其行数为 y 元素的个数。
- Y 由 y 按列复制而成，其列数为 x 元素的个数。

3）计算在自变量采样"格点"上的函数值：Z = f(X，Y)。

2. 网线、曲面图基本指令格式

```
mesh(Z)              % 以 Z 矩阵列、行下标为 x、y 轴自变量,画网线图
mesh(X,Y,Z)          % 最常用的网线图调用格式
mesh(X,Y,Z,C)        % 最完整的调用格式,画由 C 指定用色的网线图
surf(Z)              % 以 Z 矩阵列、行下标为 x、y 轴自变量,画曲面图
surf(X,Y,Z)          % 最常用的曲面图调用格式
surf(X,Y,Z,C)        % 最完整的调用格式,画由 C 指定用色的曲面图
```

[说明]

● 在最完整调用格式中，四个输入宗量都是维数相同的矩阵。**X**、**Y** 是自变量"格点"矩阵，**Z** 是格点上函数矩阵；**C** 是指定各点用色的矩阵。**C** 默认时，默认用色矩阵为 **Z**。

● 当单输入宗量格式时，**Z** 矩阵列下标为 x 轴的"自变量"；**Z** 的行下标为 y 轴"自变量"。

【例 3-16】　曲面图与网线图演示。

```
x=-4:4;y=x;
[X,Y]=meshgrid(x,y);                  % 生成格点阵
Z=X.^2+Y.^2;                          % 计算在格点阵上的函数值
subplot(1,3,1),surf(X,Y,Z);           % 绘曲面图
subplot(1,3,2),mesh(X,Y,Z);           % 绘网线图
subplot(1,3,3),plot3(x,y,x.^2+y.^2);box on   % 绘曲线图
```

执行结果如图 3-19 所示。

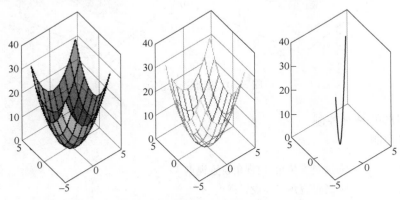

图 3-19　曲面图与网线图演示

3. 图形的透视

MATLAB 在采用默认设置画 mesh 图形时，对叠压在后面的图形采取了消隐措施。采用如下指令可控制消隐：

```
hidden off           % 透视被叠压的图形
hidden on            % 消隐被叠压的图形
```

【例 3-17】 图形透视演示。

```
clf
[x,y] = meshgrid(-3:0.1:3,-2:0.1:2);
z = (x.^2+2*x).*exp(-x.^2-y.^2-x.*y);
subplot(1,2,1),mesh(x,y,z),
axis([-3,3,-2,2,-0.5,1.0])
title('透视')
hidden off                     % 透视被叠压图形
subplot(1,2,2),mesh(x,y,z)
title('消隐')
hidden on                      % 消隐被叠压图形
axis([-3,3,-2,2,-0.5,1.0])
```

执行结果如图 3-20 所示。

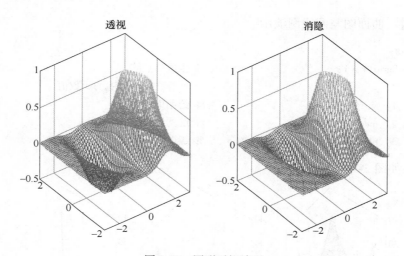

图 3-20   图形透视演示

4. 三维图形的精细控制

（1）视点控制

```
view([az,el])          % 通过方位角、俯视角设置视点
view([vx,vy,vz])       % 通过直角坐标设置视点
```

[说明]

● 指令中 az 是方位角，el 是俯视角，它们的单位是（°）。vx、vy、vz 是视点的直角坐标。

● 当绘制三维图形时，若不用 view 指令，MATLAB 则采用默认设置：az = -37.50°，el = 30°。当 az = 0°，el = 90°时，图形将以习惯的平面直角坐标表示。

【例 3-18】 视点控制演示。

```
t = (0:0.02:2)*pi;
```

x=sin（t）；y=cos（t）；z=cos（2*t）；
subplot（1，2，1），plot3（x，y，z，'b-'，x，y，z，'bd'）
view（［-82，58］）   % 视点控制
title（'视点控制'），box on
subplot（1，2，2），plot3（x，y，z，'b-'，x，y，z，'bd'）   % 无视点控制，
box on，title（'无视点控制'）

执行结果如图 3-21 所示。

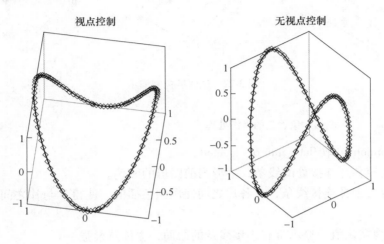

图 3-21　视点控制演示

（2）透明控制

alpha（v）   % 对面、块、象三种图形对象的透明度加以控制。

［说明］　v 可取 0~1 之间的数值，0 为完全透明，1 为不透明。

【例 3-19】　透明度控制演示。

subplot（1,3,1），surf（peaks），alpha（0）   % 完全透明
title（'完全透明'）
colormap（summer）；
subplot（1,3,2），surf（peaks），alpha（0.5）   % 半透明
title（'半透明'）
colormap（summer）
subplot（1,3,3），surf（peaks），alpha（1）   % 完全不透明
title（'完全不透明'）
colormap（summer）

执行结果如图 3-22 所示。

［说明］　peaks 函数用于生成三维高斯型分布的数据，主要用来演示 mesh、surf 等三维绘图指令。

（3）着色平滑处理

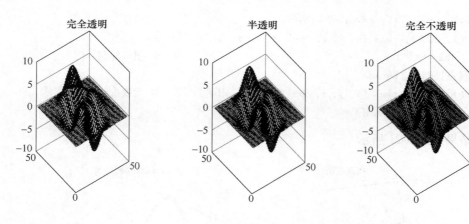

图 3-22 透明度控制演示

shading options   % 图形对象着色的平滑处理

［说明］ option 可取 flat、interp、faceted。

● flat 可去掉各片连接处的线条，平滑当前图形的颜色。

● interp 也可去掉连接线条，在各片之间使用颜色插值，使得片与片之间以及片内部的颜色平滑。

● faceted 为默认值，显示带有连接线条的曲面，立体感最强。

【例 3-20】 浓淡处理。

```
clf
[x,y]=meshgrid(-3:0.1:3,-2:0.1:2);
z=(x.^2-1.4*x).*exp(-x.^2-y.^2+x.*y);
figure(1)
surf(x,y,z),axis([-3,3,-2,2,-0.5,1.0])
title('shading flat'),shading flat
figure(2)
surf(x,y,z),axis([-3,3,-2,2,-0.5,1.0])
title('shading interp'),shading interp
figure(3)
surf(x,y,z),axis([-3,3,-2,2,-0.5,1.0])
title('shading facted'),shading facted
```

执行结果如图 3-23 所示。

［说明］ figure（n）为打开图形窗口指令，n 为正整数，即在指定的第 n 个图形窗口绘制图形。该指令省略时为 n=1。

（4）色彩控制

colordef options   % 对"根"屏幕上的所有子对象设置默认值。

［说明］ MATLAB 默认的"轴背景色"为 white。options 取值及默认设置如表 3-9 所示。

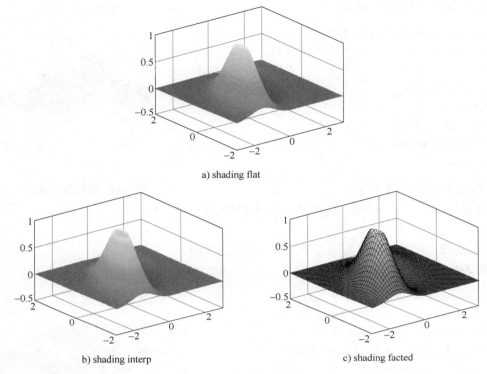

a) shading flat

b) shading interp

c) shading facted

图 3-23　颜色的平滑处理

表 3-9　色彩默认设置

options	轴背景色	图背景色	轴标色	色图	画线用色顺序
white	白	浅灰	黑	jet	蓝、深绿、红青、洋红、黄、黑
black	黑	黑	白	jet	黄、洋红、青、红、浅绿、蓝、浅灰

colormap（CM）%对图形进行着色，CM 为色图矩阵

CM 选项如表 3-10 所示。

表 3-10　MATLAB 部分预定义色图矩阵

CM	含　义	CM	含　义
autumn	红、黄浓淡色	pink	淡粉红色
bone	蓝色调浓淡色	spring	青、黄浓淡色
cool	青、品红浓淡色	summer	绿、黄浓淡色
gray	灰色调线性浓淡色	winter	蓝、绿浓淡色
hot	黑、红、黄、白浓淡色	white	全白色

5. 图形的镂空和裁切

（1）镂空　利用 NaN 可将图形中某个部分去掉。

【例 3-21】 图形镂空演示。

```
[x,y]=meshgrid(-3:0.1:3,-2:0.1:2);
z=(x.^2-1.4*x).*exp(-x.^2-y.^2+x.*y);
ii=(x<=0)&(y<=0);
z1=z; z1(ii)=NaN;
surf(x,y,z1),
axis([-3,3,-2,2,-0.4,0.5])
title('镂空'),colormap(cool)
shading flat
```

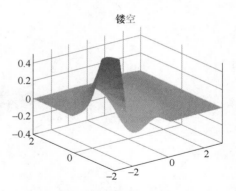

图 3-24 图形镂空演示

执行结果如图 3-24 所示。

[说明] 图 3-23 为与图 3-24 对应的未镂空的图形。

（2）裁切 将被切部分强制为零，即可显示出切面。

【例 3-22】 图形裁切演示。

```
[x,y]=meshgrid(-3:0.1:3,-2:0.1:2);
z=(x.^2-1.4*x).*exp(-x.^2-y.^2+x.*y);
ii=(x<=0)&(y<=0);z1=z;z1(ii)=0;
surf(x,y,z1),axis([-3,3,-2,2,-0.4,0.5])
title('裁切'),colormap(cool)
shading flat
```

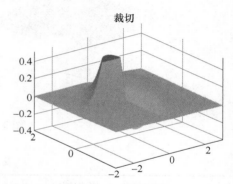

图 3-25 图形裁切演示

执行结果如图 3-25 所示。

[说明] 图 3-23 为与图 3-25 对应的未裁切的图形。

6. 二元函数简捷绘图指令

（1）ezsurf(F,dom_f,ngrid)

在指定矩形区域 dom_f 上，用指定格点数 ngrid，画二元函数曲面 F。

[说明]

● F 只能包含两个自由变量，可以是字符表达式、符号函数、函数 M 文件、内联函数。

● 当 dom_f 取二元数组 [a, b] 时，$a \leqslant x \leqslant b$, $a \leqslant y \leqslant b$。

● 当 dom_f 取四元数组 [a, b, c, d] 时，$a \leqslant x \leqslant b$, $c \leqslant y \leqslant d$。

● ngrid 所取的格点数越多，曲面表现越细腻。默认时 ngrid=60。

【例 3-23】 曲面简捷绘图（1）。

```
clf
ezsurf('x.^2+y.^2',[-10,10],100)
shading flat
```

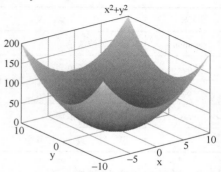

图 3-26 曲面简捷绘图演示 1

执行结果如图 3-26 所示。

显然该指令不需要另外建立格点阵。

【例 3-24】　零开口四边滑阀的流量方程为 $Q_l = Kx_v\sqrt{p_s - p_l}$，其中 K 为阀系数，x_v 为阀的开口量，p_l 为阀的负载压力，p_s 为阀的供油压力。设 $K = 0.01\,\mathrm{m}^3 \cdot \mathrm{N}^{-1/2} \cdot \mathrm{s}^{-1}$，$p_s = 14\mathrm{MPa}$，$x_v$ 和 p_l 的变化范围分别为 [0, 0.002m] 和 [0, 14000000Pa]，试绘制 Q_l 的曲面图。

```
clf
ezsurf('0.01 * xv. * sqrt(14e6-pl)',[0,14e6,0,0.002],30)
view([43.5,42])      % 调整视点,以符合绘制二维流量-压力曲线的习惯表示
alpha(0.5)
```

执行结果如图 3-27 所示。

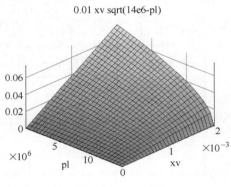

图 3-27　滑阀负载流量

（2）ezsurf(x,y,z,dom_st,ngrid)

在指定矩形区域 dom_st 上，用指定格点数 ngrid，以二元参量方式画曲面。该指令与 ezsurf（F,dom_f,ngrid）类似，只是 x、y、z 应以参量的形式给出。

[说明]

● 当 dom_st 取二元数组 [a, b] 时，参量 s、t 的变化范围为 $a \leqslant s \leqslant b,\ a \leqslant t \leqslant b$。

● 当 dom_f 取四元数组 [a, b, c, d] 时，参量 s、t 的变化范围为 $a \leqslant s \leqslant b,\ c \leqslant t \leqslant d$。

【例 3-25】　曲面简捷绘图（2）。

```
x = 'exp(-0.01 * t) * sin(t)';
y = 'exp(-0.01 * s) * cos(s)';
z = 't';
ezsurf(x,y,z,[0,2 * pi])
shading flat
```

执行结果如图 3-28 所示。

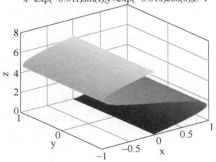

图 3-28　曲面简捷绘图演示 2

3.3 图形窗口功能简介

单击 MATLAB 的 PLOTS 绘图选项，切换到如图 3-29 所示的绘图功能区，该操作界面提供了丰富的数据绘图功能。

图形窗除了用于显示图形，还可对所显示的图形进行交互式编辑。

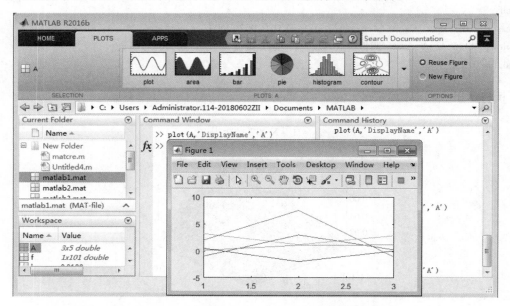

图 3-29　MATLAB 的 PLOTS 绘图选项区界面

在图 3-29 所示界面的工作空间中，单击点亮用作绘图数据源的变量（如 A），在 PLOTS 绘图菜单中选择一种绘图模式（如图标 ⟨⟨⟩），即可绘制出如图 3-29 中图形窗口 Figure 1 所示曲线。

3.3.1 图形窗口工具条

图 3-30 为 MATLAB 图形窗口工具条上所特有的 12 个按钮，它们可用来对图形进行交互操作。

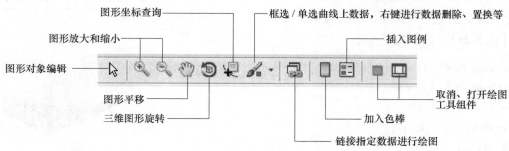

图 3-30　图形窗工具条

此外，从 View 菜单中还可以提取另外两种工具条，如图 3-31 所示。

图形编辑
工具条

相机工具条

图 3-31　相机工具条和图形编辑工具条

其中，相机工具条用于三维视图的操作，而图形编辑工具条则用于对窗口中的图形进行标注、坐标轴设置、文本修改等编辑操作。

3.3.2　图形编辑

单击图形对象编辑按钮 ▹，就可以分别对图形窗口中的坐标轴、线条和文本进行交互式编辑，下面举例说明。

【例 3-26】　以下程序是用 fft（）指令对一离散数据进行傅里叶变换以求取该信号的频谱。

```
h=0.01;t=0:h:1;
x=12*sin(2*pi*10*t+pi/4)+8*sin(2*pi*20*t)+5*cos(2*pi*40*t);
X=fft(x);
f=t/h;
plot(f(1:floor(length(f)/2)),abs(X(1:floor(length(f)/2))))
text(12,400,'\leftarrow10Hz')
text(22,300,'\leftarrow20Hz')
text(33,150,'40Hz\rightarrow')
title('离散数据的 FFT')
```

执行结果如图 3-32 所示。

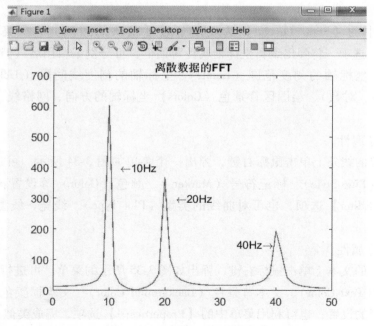

图 3-32　包含坐标轴、线条和文本对象的图形窗口

[说明]　floor( ) 为负向取整函数。

1. 编辑坐标轴属性

单击 后，在坐标轴范围内的空白区域或坐标轴的边框处单击鼠标右键，弹出一个菜单，如图 3-33 所示。

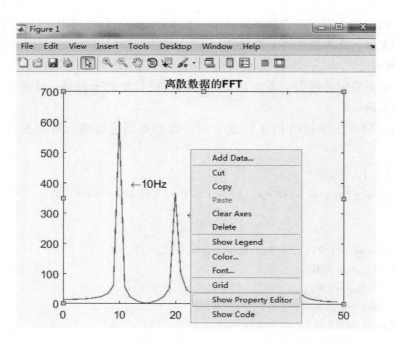

图 3-33　成为编辑状态的坐标轴及弹出的菜单

弹出菜单中的【Show Legend】选项用于显示默认的图例。选择菜单中的【Show Property Editor】选项，将弹出编辑坐标轴属性对话框，可分别编辑图名（Titel）、坐标轴的轴名（Label）、坐标轴的刻度范围（Limits）、坐标轴的刻度线间隔（Ticks）、坐标类型（Scale，指线性、对数）、绘图区背景色（Colors）坐标轴的方向、网格线（Grid）以及字体、字号等。

2. 编辑线条属性

在需要编辑的线条上单击鼠标右键，弹出一个菜单如图 3-34 所示。可进行线宽（Line Width）、线型（Line Style）、标记符号（Marker）、颜色（Color）等设置。单击菜单中的【Show Property Editor】选项，也可对曲线的类型（Plot Type）、线宽、线型、线色等进行编辑。

3. 编辑文本属性

在需要编辑的文本上单击鼠标右键，弹出如图 3-35 所示的菜单。可进行字串编辑（Edit）、文本颜色（Text Color）、文本背景色（Background Color）、文本框颜色（Edge Color）、字体（Font）等的设置；也可利用菜单中的【Properties…】选项，完成类似的设置。

用鼠标左键选中文本并拖动鼠标可以任意改变文本的位置。此外，如果要在图形窗创建文本，可启动【View】菜单中的绘图工具编辑条【Plot Edit Toolbar】，并单击该工具条上 **T** 按钮——在图形窗指定位置上插入文本框，即可在文本框内输入字符串并单击 **A** 按钮对字符串的字体、字号等进行设置。

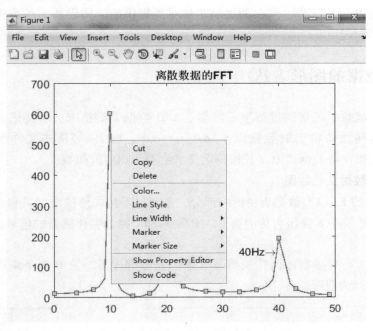

图 3-34　选中线条的状态及弹出的菜单

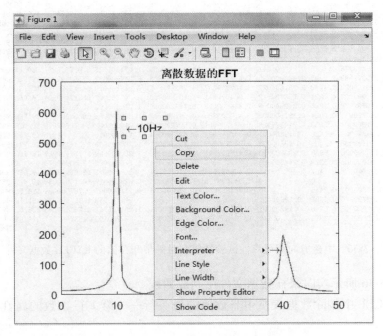

图 3-35　选中文本对象的状态及弹出的菜单

4. 图形保存

从【Edit】菜单中选择【Copy Figure】可将图形复制到剪贴板上，但也可保存为图形文件（扩展名为 .fig、.TIFF 等）或 M 函数文件以便重新显示到图形窗中或为其他程序调用。

如果保存为 M 函数文件，则在调用该文件时须提供绘制图形所需的数据，见本章习题中的第 6 题。

3.4 试验数据的图形表达

科学研究和试验中经常通过数字示波器、A/D 数据采集板卡、手持记录仪等来进行实时数据采集，这些设备将实时数据以 *.dat、*.txt、*.xls 等格式文件保存。可以通过 MATLAB 的简单操作将数据读取，并按特定要求绘制为相应的曲线。

3.4.1 EXCEL 数据文件绘图

图 3-36 所示的 EXCEL 数据表格的一部分，是通过手持式便携数据采集仪，对某电磁方向阀可靠性试验系统中 8 路压力传感器 P1～P7、P 和 1 路油温传感器的信号进行实时采集和存储的文件。

数据文件第 1 行是参数的属性说明，第 A 列是数据序号，第 B 列是采样时间，第 C～J 列为压力，第 K 列为温度。

2018060601电磁阀可靠性换向测试.xls [兼容模式]

	A	B	C	D	E	F	G	H	I	J	K
1	NO	t(s)	P1(bar)	P2(bar)	P3(bar)	P4(bar)	P5(bar)	P6(bar)	P7(bar)	P(bar)	T(°)
2	1	0	0.293899983	0.3912	0.049000002	-0.556299984	-0.375	9.071400642	2.362499952	20.60000038	39.13199997
3	2	0.05	0	0	0	-1.043099999	-1.138800025	-0.667800009	1.475099921	50.63700104	39.11699677
4	3	0.1	0.098000005	0.1467	0	-0.764900088	-0.722200036	-0.180799991	0.637600005	117.3800049	39.10900116
5	4	0.15	0.293899983	0.4401	0.244899988	-0.138999999	-0.027700001	0.723499954	1.287599921	189.4199982	39.10900116
6	5	0.2	0.391900003	0.6357	0.244899988	0.278200001	0.388899982	1.280099988	2.075100183	227.5100098	39.11699677
7	6	0.25	0.342900008	0.5379	0.147	-0.069499999	0.25	1.001799941	2.25	229.7600098	39.13199997
8	7	0.3	0.342900008	0.5379	0.147	0.069600001	0.25	0.932200074	2.212600231	229.519989	39.13999939
9	8	0.35	0.440899998	0.6357	0.19600001	0.208699986	0.388899982	0.932200074	2.237600088	229.8699951	39.13999939
10	9	0.4	0.538799942	0.7335	0.19600001	0.069600001	0.319500029	1.001799941	2.16260004	230.0500031	39.13999939
11	10	0.45	0.489799976	0.7335	0.147	0.1391	0.25	1.071399927	2.087600231	230.0100098	39.14800262
12	11	0.5	1.371399999	2.2493	2.400000095	3.477100372	4.138899803	5.245299339	27.38699913	227.3500061	39.16399765
13	12	0.55	1.420400023	2.4449	2.791800022	4.102999687	4.763899803	6.149600029	66.43699646	153.3199921	39.17100143
14	13	0.6	0.342900008	0.7824	0.538799942	0.904099941	1.152800083	2.045300007	55.17499924	56.08699799	39.17100143
15	14	0.65	0.489799976	0.6846	0.342900008	0.486800015	0.736200035	1.210500002	25.66199875	26.01199913	39.17100143
16	15	0.7	0.636799991	0.7824	0.391900003	0.417299986	0.597299993	1.280099988	20.58699989	20.98699951	39.16399765
17	16	0.75	0.391900003	0.5868	0.244899988	0.278200001	0.597299993	1.210500002	19.78699875	20.03699875	39.15599823
18	17	0.8	0.244899988	0.489	0.19600001	0.347799987	0.527799964	1.140900016	19.5	19.85000038	39.14800262
19	18	0.85	0.293899983	0.489	0.19600001	0.347799987	0.458400011	1.280099988	19.46199989	19.77499962	39.13999939
20	19	0.9	0.489799976	0.5868	0.293899983	0.417299986	0.597299993	1.280099988	19.52499962	19.70000076	39.13999939
21	20	0.95	0.391900003	0.5379	0.244899988	0.347799987	0.527799964	1.210500002	19.53699875	19.625	39.13199997
22	21	1	0.098000005	0.1467	0.147	-0.486699998	-0.444399983	0.167000011	19.51199913	19.63699913	39.125
23	22	1.05	0	0	0	-1.043099999	-1.138800025	-0.528599977	10.10000038	48.09999847	39.11699677
24	23	1.1	0.19600001	0.2445	0	-0.834399998	-0.722200036	-0.111300007	0.787500024	116.5199966	39.10900116
25	24	1.15	0.489799976	0.6357	0.19600001	-0.2086	-0.027700001	0.514799953	1.412500024	191.1000061	39.10900116
26	25	1.2	0.391900003	0.6846	0.19600001	0.347799987	0.458400011	1.001799941	2.262600183	228.0299988	39.11699677
27	26	1.25	0.293899983	0.5379	0.147	0.208699986	0.319500029	0.862700105	2.337600231	229.8000031	39.13199997

就绪 100%

图 3-36 电磁方向阀可靠性试验系统实时采集和存储的 EXCEL 数据文件

下面将图 3-36 所示实时采样数据文件绘制成曲线。

首先在 EXCEL 中删除数据表格中非数值的表头行——第 1 行参数的属性说明，并保存 EXCEL 文件。

然后，调用 xlsread（ ）函数读取 EXCEL 文档中的数据，并提取相应参数列，进行曲线绘制。曲线如图 3-37 所示。

```
ImportDataOrigin=xlsread('D:\2018060601 电磁阀可靠性换向测试.xls');
                              % 用 xlsread( ) 函数读取指定路径下的 excel 文档
t=ImportDataOrigin(1:length(ImportDataOrigin),2);
                              % 提取 excel 文档中第 2 列的第 1 个到最后 1 个数据,组成
                                新的数组
P1=ImportDataOrigin(1:length(ImportDataOrigin),3);
P2=ImportDataOrigin(1:length(ImportDataOrigin),4);
P3=ImportDataOrigin(1:length(ImportDataOrigin),5);
P4=ImportDataOrigin(1:length(ImportDataOrigin),6);
P5=ImportDataOrigin(1:length(ImportDataOrigin),7);
P6=ImportDataOrigin(1:length(ImportDataOrigin),8);
P7=ImportDataOrigin(1:length(ImportDataOrigin),9);
P=ImportDataOrigin(1:length(ImportDataOrigin),10);
T=ImportDataOrigin(1:length(ImportDataOrigin),11);
plot(t,P1,'r',t,P2,'b',t,P3,'g',t,P4,'c',t,P5,'m',t,P6,'k-.',t,P7,'k',t,P,'*',t,T);  % 绘图曲线
legend('t-P1','t-P2','t-P3','t-P4','t-P5','t-P6','t-P7','t-P','t-T');       % 定义图例
grid on
xlabel('时间(s)')
ylabel('压力(bar)/油温(度)')
title('时间--压力温度曲线')
```

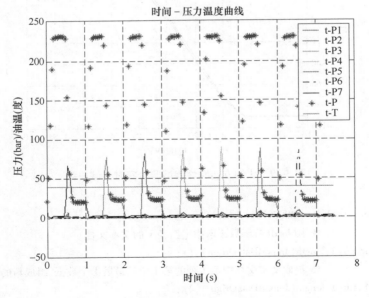

图 3-37　电磁方向阀可靠性试验系统实时测试曲线

3.4.2　文本数据文件绘图

在某比例方向阀性能试验台上通过计算机、数据采集板卡,对比例方向阀进行空载流量测试,获取的电压和流量传感器实时信号以文本数据文件方式存储,图 3-38 所示为文本数据

文件的一部分。

数据文件的第 1 列是给定比例方向阀的控制电压信号，第 2 列是控制阀口通过的流量信号，两列数据中间有空格分隔。有些公司的数据板卡采用逗号分隔多列数据。

下面将图 3-38 所示实时采样数据文件绘制成曲线。

首先，在 *.dat 或 *.txt 文件中要删除数据中非数值的表头行——第 1 行参数的属性说明（部分公司的设备数据保存时带属性说明），并保存文件。

然后，调用 load（ ）函数读取文本文件中的数据，并提取相应参数列，进行曲线绘制。曲线如图 3-39 所示。

图 3-38 比例方向阀性能试验台实时采集和存储的文本数据文件

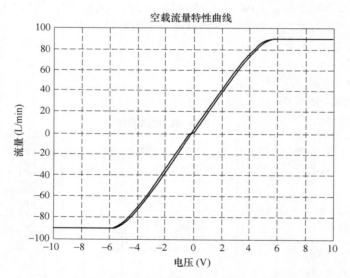

图 3-39 比例方向阀性能试验台实时测试曲线

```
ImportDataOrigin = load('D:\20070926-2.dat');
                        % 用 load( )函数读取指定路径下的文本文档
V = ImportDataOrigin(1:length(ImportDataOrigin),1);
                        % 提取文本文档中第 1 列的第 1 个到最后 1 个数据,组成新的数组
Q = ImportDataOrigin(1:length(ImportDataOrigin),2);
plot(V,Q,'r');                              % 绘图
axis([-10,10,-100,100])
grid on
xlabel('电压(V)')
ylabel('流量(L/min)')
```

title('空载流量特性曲线')

习 题 3

1. 已知系统响应函数为 $y(t) = 1 - \dfrac{1}{\beta} e^{-\xi t} \sin(\beta t + \theta)$，其中 $\beta = \sqrt{1 - \xi^2}$，$\theta = \arctan\left(\dfrac{\sqrt{1 - \xi^2}}{\xi}\right)$，要求用不同线型或颜色，在同一张图上绘制 ξ 取值分别为 0.2、0.4、0.6、0.8 时，系统在 $t = [0, 18]$ 内的响应曲线，并要求用 $\xi = 0.2$ 和 $\xi = 0.8$ 对两条曲线分别进行对应的文字标注。

2. 用 plot3、mesh、surf 指令，绘制

$$z = \frac{1}{\sqrt{(1-x)^2 + y^2} + \sqrt{(1+x)^2 + y^2}}$$

三维图（x、y 范围自定）。

3. 对向量 t 进行以下运算可以构成三个坐标的值向量：$x = \sin(t)$，$y = \cos(t)$，$z = t$。利用指令 plot3，并选用绿色的实线绘制相应的三维曲线。

4. 已知节流阀的流量方程为 $Q_l = C_d W x_v \sqrt{\Delta p}$，其中流量系数 $C_d = 0.62$，阀口面积梯度 $W = 50$mm，阀芯位移范围 $x_v \in [0, 0.5]$ mm，阀压降变化范围 $\Delta p \in [0, 1000000]$ Pa，（1）试用 surf 指令绘制 Q_l 的三维曲面图；（2）用 plot 指令绘制当 x_v 分别为 0.1、0.2、0.3、0.4、0.5mm 时，Q_l-Δp 的关系曲线。

5. 二阶无阻尼系统输入为零时的动力学方程为 $\ddot{x} + \omega_0^2 x = 0$，令 $x_2 = \dot{x}$，$x_1 = x$，可得 x_2 与 x_1 的关系式 $x_2^2 + (\omega_0 x_1)^2 = A\omega_0^2$（$A$ 取决于系统初始状态）。若已知 $\omega_0^2 = 0.5$，试用隐函数绘图指令 ezplot(f)，在同一坐标系内绘制 $A = 1$、2、3 时，x_2-x_1 的关系曲线（即系统的相轨迹）。

6. 体会图形文件的保存与调用。运行例 3-27 程序，要求如下：

（1）用图形窗口菜单上【File】中的【Save As】选项，将所绘图形保存为 .fig 文件，并用【File】菜单中的【Open】选项打开它。

（2）用图形窗口菜单上【File】中的【Generate M-file】选项，在 M 文件编辑器中生成 M 代码，用 M 文件编辑器菜单上【File】中的【Save As】将其保存为 M 文件，然后在指令窗中输入：

x1 = 1:floor(length(f)/2);

y1 = abs(X(1:floor(length(f)/2)));

createfigure(x1,y1)

第4章 | MATLAB 编程

MATLAB 不但是一个功能强大的工具软件，更是一种高效的编程语言。MATLAB 软件就是 MATLAB 语言的编程环境，而 M 文件是用 MATLAB 语言编写的程序代码文件。本章主要介绍编写 MATLAB 程序的基本规则和方法，同时为了系统仿真的需要简要介绍有关 MATLAB 符号计算的内容。

4.1 MATLAB 程序控制

和其他高级语言一样，MATLAB 也提供了多种控制语句来控制程序流的执行顺序，从而使得 MATLAB 编程十分灵活。MATLAB 支持的控制语句和 C 语言中的控制语句格式很相似，本节将介绍这些控制语句及其用法。

4.1.1 for 循环结构

```
for x = array
        (commands)
end
```

［说明］ for 指令后的变量 x 称为循环变量，commands 为循环体。循环体执行的次数由 for 后的数组（array）的列数决定。

【例 4-1】 for 循环演示：绘制 $y = 1 - \dfrac{1}{\beta} e^{-\xi t} \sin(\beta t + \theta)$，$\xi = 0.2$，0.4，0.6，0.8，$t = [0, 18]$ 的曲线，如图 4-1 所示。

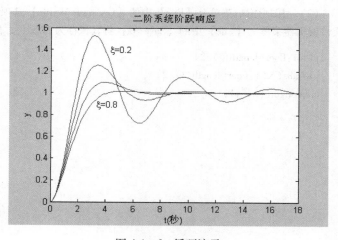

图 4-1 for 循环演示

```
clf; t=[0:0.1:18]';
for x=0.2:0.2:0.8      % 共循
环4次,每次循环绘制1条不同ξ值的
曲线
    b=sqrt([1-x^2]);
    z=atan(b/x);
    y1=-t*x; y2=t*b+z;
    y=1-exp(y1).*sin(y2)/b;
    plot(t,y), hold on
end
```

xlabel('t(秒)'), ylabel('y'), title('二阶系统阶跃响应')

text(3.3,0.9,'|\xi| = 0.8'), text(4.3,1.4,'|\xi| = 0.2')

4.1.2　while 循环结构

```
while expression
    (commands)
end
```

[说明]

- 当 while 后 expression 为逻辑真（非 0）时，执行循环体 commands，直到表达式的值为假。

- 当表达式的值为数组时，只有当该数组所有元素均为真时，才会执行循环体。

- 如果 while 后的表达式为空数组，则 MATLAB 认为表达式为假，不执行循环体。

【例 4-2】　一数组的元素满足规则：$a_{k+2} = a_k + a_{k+1}$，$(k = 1, 2, \cdots)$，且 $a_1 = a_2 = 1$。求该数组中第一个大于 10000 的元素。

```
a(1)= 1;a(2)= 1;i=2;
while a(i)<=10000
    a(i+1)= a(i-1)+a(i);
    i=i+1;
    end;
i,a(i)
```

执行以上程序，指令窗中显示结果为

```
i =
    21
ans =
    10946
```

4.1.3　if-else-end 分支结构

1. 单分支结构

```
if expression
    (commands)
end
```

2. 双分支结构

```
if expression
    (commands1)
else
    (commands2)
end
```

3. 多分支结构

```
if expression1
```

```
    （commands）
elseif expression2
    （commands）
    …
else
    （commands）
end
```

［说明］

- 多分支结构常被 switch-case 结构所取代。
- 如果判决条件为一个空数组，则 MATLAB 认为条件为假。
- if 指令和 break 指令配合使用，可强制终止 for 循环或 while 循环。

4.1.4 switch-case 结构

```
switch ex          % ex 为一标量或字符串
    case test1     % 当 ex 等于 test1 时,执行组命令 1,然后跳出该结构
    （commands1）
    case test2
    …
    case testk
    （commandsk）
    otherwise      % 当表达式不等于前面所有检测值时,执行该组命令
    （commands）
end
```

【例 4-3】 switch-case 结构演示：绘制 $y = 1 - \dfrac{1}{\beta} e^{-\xi t} \sin(\beta t + \theta)$，$\xi = 0.2$，$0.4$，$0.6$，$0.8$，$t = [0, 18]$ 的曲线，如图 4-2 所示。

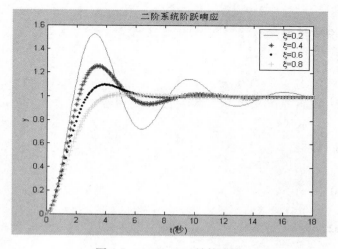

图 4-2 switch-case 结构演示

t=［0:0.1:18］';

```
for x = 0. 2:0. 2:0. 8                   % 共循环 4 次,绘制 4 条不同 ξ 值的曲线
b = sqrt([1-x^2]);z = atan(b/x);
y1 = -t * x;y2 = t * b+z;y = 1-exp(y1). * sin(y2)/b;
    switch round(10 * x)                 % 将 x (即 ξ 值)圆整成整数
    case 2
        plot(t,y,'r-'),hold on           % 采用 switch 结构,根据不同 ξ 值,曲线用不同颜色、形状的
                                           点画出
    case 4
        plot(t,y,'b * '),hold on
    case 6
        plot(t,y,'k. '),hold on
    otherwise
        plot(t,y,'g+'),hold on
    end
end
xlabel('t(秒)'),ylabel('y'),title('二阶系统阶跃响应')
legend('|\xi|=0. 2','|\xi|=0. 4','|\xi|=0. 6','|\xi|=0. 8')
```

4. 1. 5　try-catch 结构

```
try
    (commands1)
catch
    (commands2)
end
```

[说明]

- 首先执行组命令 1, 只有当执行组命令 1 出现错误后, 组命令 2 才会被执行。
- 如果执行组命令 2 又出错, 则终止该结构。
- 可用 lasterr 函数查询出错原因。

【例 4-4】　try-catch 结构演示。

```
clear,N = 4;
A = magic(3);            % 设置 3 * 3 矩阵 A
try
    A_N = A(N,:)         % 取 A 的第 N 行元素
catch
    A_end = A(end,:)     % 如果取 A(N,:)出错,改取 A 的最后一行
end
lasterr                  % 显示出错原因
```

指令窗中显示的程序执行的结果为

```
A_end =
        4       9       2
```

ans =

Index exceeds matrix dimensions.

4.1.6 控制程序流的其他常用指令

表 4-1 所示的程序流控制指令常与其他程序结构（包括顺序结构）指令配合使用，以增加编程的灵活性。

表 4-1 控制程序流的其他常用指令

指　　令	含　　义
break	常和 if 语句配合使用，用于终止循环，对于嵌套循环则直接进入相邻的外层循环
continue	与 for 或 while 循环配合使用，以结束本次循环直接进入下一个循环判断
error（'message'）	显示出错信息，终止程序
keybord	当遇到该指令时，控制权交给键盘，用户可从键盘输入 MATLAB 指令。输入 return 后，控制权交还给程序
lasterr	显示最新出错原因，并终止程序
lastwarn	显示 MATLAB 自动给出的最新警告，程序继续执行
pause pause（n）	第一种格式使程序暂停执行，待用户按任意键；第二种格式使程序暂停 n 秒后再继续执行
return	用于函数的调用，当被调用函数执行到该指令时则结束调用，返回主调函数

4.2　M 脚本文件和 M 函数文件

4.2.1　M 脚本文件

M 文件包括 M 脚本文件和 M 函数文件。M 脚本文件是 M 文件的简单类型，它们没有输入输出参数，只是一些函数和命令的组合，类似于 DOS 下的批处理文件。

M 脚本文件有时也简称为 M 文件，它以".m"作为扩展名。M 脚本文件可以在 MATLAB 环境下直接执行，它们可以访问存在于整个工作空间的数据。M 脚本文件运行后，所产生的变量都驻留在基本工作空间中（即内存中），可以继续对其进行操作，除非用户用 clear 指令清除或关闭 MATLAB。M 脚本文件的执行过程与在指令窗中直接输入指令的效果是一样的，但效率更高。

4.2.2　M 函数文件

函数是 MATLAB 语言中最重要的组成部分，MATLAB 提供的各种工具箱中的 M 文件几乎都是以函数的形式给出的，MATLAB 主体和各个工具箱本身就是一个庞大的函数库。

M 函数文件不同于 M 脚本文件，它是一种封装结构，外界通过提供输入参量，而得到函数文件的输出结果。从使用的角度来看，其具有以下特点：

1）M 函数文件的第一行是 function 引导的"函数声明行"，并罗列出函数与外界联系的全部"标称"输入、输出参量。

2）MATLAB 允许使用比标称数目少的输入、输出参量，实现对函数的调用。

M 函数文件与 M 脚本文件类似之处在于它们都是一个有".m"扩展名的文本文件。

4.2.3　M 函数文件的一般结构

【例 4-5】　M 函数文件结构演示。

```
function sa=circle(r,s)                              % 函数定义行
% CIRCLE      plot a circle of radii r in the line specified by s.  % H1 行
%      r               指定半径的数值                 % 在线帮助文本
%      s               指定线色的字符串
%      sa              圆面积
%
% circle(r)            利用蓝实线画半径为 r 的圆周线.
% circle(r,s)          利用串 s 指定的线色画半径为 r 的圆周线.
% sa=circle(r)         计算圆面积,并画半径为 r 的蓝色圆面.
% sa=circle(r,s)       计算圆面积,并画半径为 r 的 s 色圆面.
% 编写于 1999 年 4 月 7 日,修改于 1999 年 8 月 27 日。       % 编写和修改记录
if nargin>2
        error('输入参量太多。')                        %函数体
end
if nargin==1
        s='b';
end
clf,t=0:pi/100:2*pi;x=r*exp(i*t);
if nargout==0
        plot(x,s)
else
        sa=pi*r*r;
        fill(real(x),imag(x),s)
end
axis('square')
```

由例 4-5 可知，M 函数文件通常由以下几个部分组成：函数定义行、H1 行、函数帮助文本、函数体、注释，以下分别介绍。

（1）函数定义行　M 函数文件第一行用关键字 function 把 M 文件定义为一个函数，并指定它的名字，与文件名相同。同时，也定义了函数的输入和输出参量。M 脚本文件仅比 M 函数文件少一个函数定义行。

如果函数有多个输入、输出参量，则参量之间用逗号隔开，多个输出参数用方括号括起来，如：

function [u, t]=gensig (Type, au)

如果函数没有输出或没有输入，则可以不写相应的参数，如：

function grid (opt_grid)

（2）H1 行　H1 行为帮助文本的第一行，紧接在定义行之后。该行以"%"开头，包含大写体的函数文件名，运用关键词简要描述的函数功能。该行提供 lookfor 关键词查询和 help 在线帮助使用。

（3）函数帮助文本　帮助文本指位于 H1 行之后、函数体之前的说明文本。以"%"符号开头用来详细介绍函数的功能和用法。可供 MATLAB 的 help 指令显示。

（4）函数体　函数体就是函数的主体，与 M 脚本文件的编写相同。

（5）注释　在函数体中对语句进行注释，"%"符号开头，与 M 脚本文件相同。

【例 4-6】　函数调用示例（对例 4-5 的 M 函数文件进行调用）。

```
figure(1)
sa = circle(10,'y')
figure(2)
circle(10,'k')
```

执行结果如图 4-3 所示。

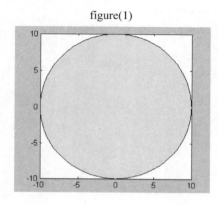
figure(1)

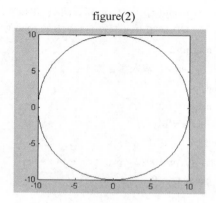
figure(2)

图 4-3　函数的调用

4.2.4　局部变量和全局变量

1. 局部（Local）变量

局部变量为存在于函数空间内部的中间变量，其产生于函数的运行过程中，影响范围也仅限于函数本身。

2. 全局（Global）变量

通过 global 指令，可定义为不同函数空间和基本空间共享的同一变量，即全局变量。

［说明］

● 对全局变量的定义必须在该变量被调用之前。

● 不提倡使用全局变量，因为它会损害函数的封装性。

4.3　变量的检测传递和限权使用函数

本节介绍函数调用时的输入、输出参量的传递问题。

4.3.1　输入、输出参量检测指令

M 函数的内部流程可通过对该函数的调用进行控制，而外部对 M 函数的调用则通过调用时的输入、输出参量体现出来。在 M 函数内部对调用该函数的输入、输出参量进行检测的指令如表 4-2 所示。

表 4-2　输入、输出参量检测指令

指　　令	含　　义
nargin	在函数体内，用于获取实际输入参量数
nargout	在函数体内，用于获取实际输出参量数
nargin（'fun'）	获取'fun'指定函数的标称输入参量数
nargout（'fun'）	获取'fun'指定函数的标称输出参量数
inputname（n）	在函数体内使用，给出第 n 个输入参量的实际调用变量名

【例 4-7】　输入、输出参量检测指令演示。

```
function sa = circle(r,s)
if nargin>2                              % 用 nargin 指令获取实际输入参量个数
    error('输入参量太多。')
end
if nargin = = 1
    s = 'b';
end
clf,t = 0:pi/100:2 * pi;x = r * exp(i * t);
if nargout = = 0                         % 用 nargout 指令获取实际输出参量个数
    plot(x,s)
else
    sa = pi * r * r;
    fill(real(x),imag(x),s)
end
axis('square')
```

［说明］

● nargin 指令获取实际输入参量个数如果大于 2，则给出出错信息，终止程序；如果为 1，则指定颜色为蓝色；如果为其他，则用输入指定的颜色。

● nargout 指令获取实际输出参量个数如果为 0，则只用输入指定颜色或默认颜色画圆；否则用输入指定颜色或默认颜色填色，计算圆面积并输出。

4.3.2　子函数

MATLAB 允许一个 M 文件包含多个函数的代码。其中，第一个出现的函数称为主函数（Primary function），而其他函数则称为子函数（Subfunction）。外部程序只能对主函数进行调用。

子函数有如下性质：

1）每个子函数的第一行是该函数的声明行。

2）子函数的排列次序任意。

3）子函数只能被同一文件的主函数或其他子函数调用。

4）同一文件的主函数、子函数的工作空间是彼此独立的。

5）help，lookfor 等帮助指令不适用于子函数。

【例 4-8】　子函数编程及调用演示。

（1）编写 M 函数文件：mainfun. m

```
function y1 = mainfun(a,s)          % 主函数
t = (0:a)/a * 2 * pi;
y1 = subfun (4,s);                  % 子函数调用
%- - - - - - - - - - - subfunction - - - - - - - - - - - -
function y2 = subfun(a,s)           % 子函数
t = (0:a)/a * 2 * pi;
ss = 'a * exp(i * t)';              % 产生 ss 复数数组
switch s
case {'base','caller'}              % 取'base'或'caller'空间的变量计算 ss 表达式
    y2 = evalin(s,ss);
case 'self'                         % 取本子函数空间的变量计算 ss 表达式
    y2 = eval(ss);
end
```

［说明］

● evalin(s, ss) 为 M 函数，实现从指定的 s 空间中获取变量值，并计算 ss 表达式。其中，'base'表示基本工作空间；'caller'表示主调函数空间。

● eval(ss) 为 M 函数，执行 ss 指定的计算。

（2）在 MATLAB 指令窗中运行以下指令

```
clear
a = 30;t = (0:a)/a * 2 * pi;         % 基本工作空间变量值
sss = {'base','caller','self'};      % sss 为"空间"字符串数组
for k = 1:3                          % 分别画变量取自不同空间时的曲线
    y0 = mainfun(8,sss{k});
    subplot(1,3,k)
    plot(real(y0),imag(y0),'r','LineWidth',3)
    axis square
end
```

结果如图 4-4 所示。

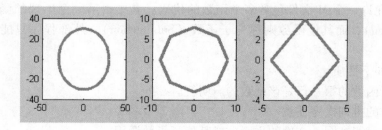

图 4-4　子函数调用

［说明］　该例中不同空间中的变量值如表 4-3 所示。

表 4-3　例 4-8 中不同空间中的变量值

基本空间	a=30, t= [0, 2 pi/30, …, 2pi]
主函数空间	a=8, t= [0, 2 pi/8, …, 2pi]
子函数空间	a=4, t= [0, 2 pi/4, …, 2pi]

4.3.3　私有函数

私有函数指位于 private 子目录下的函数。它们只能被上一层目录的函数访问，对于其他目录的函数都是不可见的，因而私有函数可以和其他目录下的函数重名。

用户可以在自己的工作目录下建立一个名为 private 的子目录，这个目录下的函数名可以根据需要任意指定，不必担心会和其他目录下的函数重名，因为 MATLAB 在查找一般 M 函数文件之前查找私有函数。help、lookfor 等帮助指令不适用于私有函数。

[说明]　不要将私有函数的目录 private 添加到 MATLAB 的搜索路径中。

4.4　串演算函数

指令、表达式、语句以及由它们综合组成的 M 文件是完成计算最常使用的形式。为提高计算的灵活性，MATLAB 还提供了 eval( ) 和 feval( ) 两种演算函数，常用于 GUI 的回调操作。

4.4.1　eval

eval( )指令具有对字符串表达式进行计算的能力。

eval(expression)　　　　　　　　　　% 执行 expression 指定的计算

[y1,y2,…]=eval(function(b1,b2,b3,…))　% 执行对 function 代表的函数文件调用,并输出计算结果

[说明]

- eval( ) 指令的输入参量 expression 必须是字符串。
- 构成字符串的 expression 可以是 MATLAB 任何合法的指令、表达式、语句或文件名。
- 第二种格式中的 function 只能是（包含输入参量 b1，b2，…在内的）M 文件名。

【例 4-9】　eval( ) 指令演示。

```
% 演示一
clear,
t=pi;
eval('theta=t/2,y1=sin(theta)');
% 演示二
CEM={'cos','sin','tan'};
for k=1:3
        theta=pi*k/12;
        y2(1,k)=eval([CEM{k},'(',num2str(theta),')']);
end
y2
```

指令窗中显示的执行结果为

```
theta =
     1. 5708
y1 =
     1
y2 =
     0. 9659 0. 5000 1. 0000
```

[说明]

● 在演示二中，num2str( ) 为将数值转换为串数组的指令。

● eval（[CEM{k},'(',num2str(theta),')']）中的输入参量为用方括号表示的组合字符串。

4.4.2　feval

feval( ) 指令具有更加灵活的函数运算功能。

$$[y1,y2,\cdots]=feval(F,b1,b2,\cdots) \qquad \text{%执行由 F 指定的计算}$$

[说明]

● F 可以是函数句柄（见 4.5 节）、函数名字符串，可以执行函数句柄和函数名字符串 F 指定的计算（参见本章习题中的第 4 题）。

● b1，b2，…是传给函数的参数。它们的含义及排列次序均由与"被计算函数的输入参量含义及次序"一致。

4.4.3　内联函数

内联函数是 MATLAB 提供的一个对象（Object），如函数文件，但内联函数的创建比较容易。

内联函数的有关指令如下：

```
inline（'CE',arg1,arg2,…）        % 把串表达式 'CE'转化为 arg1、arg2 等指定输入参量的内联
                                    函数
class(inline_fun)                  % 给出内联函数类型
char(inline_fun)                   % 给出内联函数计算公式
argnames(inline_fun)               % 给出内联函数的输入参量
vectorize（inline_fun）            % 使内联函数适应"数组运算"规则
```

【例 4-10】　内联函数使用示例：用内联函数对象实现 $G(a,x,y)=ae^{x}\cos y$。

```
G=inline('a * exp(x) * cos(y)','a','x','y');   % 创建内联函数
disp（[class(G),blanks(10),char(G)]）           % 显示内联函数类型及计算公式
argnames(G)                                      % 给出内联函数输入参量
G1=vectorize(G)                                  % 使内联函数适应数组运算规则
G1(2,[1,2],[pi/3,pi])                            % 内联函数调用
```

指令窗中显示的执行结果为

```
inline              a * exp( x ) * cos( y )
ans =
     'a'
     'x'
     'y'
G1 =
     Inline function：
     G1( a,x,y ) = a. * exp( x ). * cos( y )
ans =
     2. 7183−14. 7781
```

4. 5　函数句柄

函数句柄（Function Handle）是一种数据类型，它保存着"为该函数创建句柄时的路径、视野、函数名以及可能存在的重载方法"。引入函数句柄可使函数调用像变量调用一样灵活方便，提高函数调用速度。

4. 5. 1　函数句柄的创建和观察

1. 函数句柄的创建

利用@ 符号，或利用转换函数 str2func，生成函数句柄。

例如：

```
hsin = @ sin
```

即生成 MATLAB"内建"函数 sin 的句柄 hsin。

2. 函数句柄的观察

借助指令 functions 可观察句柄内涵。

例如，对上例创建的句柄 hsin 进行观察，可输入：

```
cc = functions( hsin )
```

结果显示为

```
cc =
     function：'sin'                       <函数名：sin >
          type：'overloaded'               <类型：有重载的函数>
          file：'MATLAB built-in function' <MATLAB 内建函数>
     methods：[ 1x1 struct ]               <单构架>
```

4. 5. 2　函数句柄的基本用法

假设一个函数的调用格式为

$$[y1,y2,\cdots,yn] = FunName(x1,x2,\cdots,xm)$$

若该函数的句柄通过以下指令获得：

```
Hfun = @ FunName
```

则通过函数句柄实现函数运算的调用格式为

$$[y1, y2, \cdots, yn] = feval(Hfun, x1, x2, \cdots, xm)$$

[说明] 只要 FunName 在 MATLAB 的搜索路径上，即使该函数是某个函数的子函数，也能被正确调用。

【例 4-11】 函数句柄演示：直接调用子函数。

与例 4-8 相似，只是主程序采用子函数句柄调用子程序，子函数则多了绘图功能。

```
function Hr=ffzzy(a,s)          % 传递子函数句柄
t=(0:a)/a*2*pi;
Hr=@ subffzzy;                 % 创建子函数句柄
feval(Hr,4,s);                 % 利用函数句柄调用子函数
%−−−−−−−−−−−− subfunction −−−−−−−−−−−−
function subffzzy(a,s)
t=(0:a)/a*2*pi;ss='a*exp(i*t)';
switch s
case {'base','caller'}
    y1=evalin(s,ss);
case 'self'
    y1=eval(ss);
end
plot(real(y1),imag(y1),'r','LineWidth',3)
axis square image
```

在指令窗中输入指令：

    hcl = ffzzy (16, 'self')

则显示结果为

    hcl =
        @ subffzzy

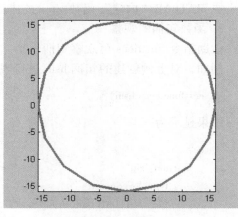

hcl 即为子函数的句柄。

在指令窗中输入指令（直接调用子函数）：

    feval(hcl,16,'self')

其执行结果如图 4-5 所示。

图 4-5　函数句柄演示

4.6　符号计算

在 MATLAB 中，符号可参与数学运算，且遵循相应的运算规则。

4.6.1　符号对象和使用

1. 符号对象的生成

F = sym(arg)   % 把数字、字符串或表达式 arg 转换为符号对象 F,符号数值按最接近"有理"
                          表示
F = sym('arg')   % 把数值或数值表达式 arg 转换为符号对象 F,符号数值按绝对准确的符号数
                          值表示
syms('arg1','arg2')   % 把字符 arg1,arg2 定义为基本符号对象
syms arg1 arg2   % 把字符 arg1,arg2 定义为基本符号对象的简化形式(需用空格隔开,不能用
                          逗号)

[说明]   最接近有理表示是指用两个正整数 p、q 构成的 p/q、p * pi/q、2^q,10^q 形式之一。

【例 4-12】   符号常数示例。

A1 = [3/7, pi/3,sqrt(7), pi+sqrt(5)]   % 数值常数
A2 = sym([3/7, pi/3,sqrt(7), pi+sqrt(5)])   % 最接近的有理表示
A3 = sym('[3/7, pi/3,sqrt(7),pi+sqrt(5)]')   % 绝对准确的符号值表示
A23 = A2−A3

指令窗中显示的执行结果为

A1 =
    0.4286   1.0472   2.6458   5.3777
A2 =
[3/7, pi/3, sqrt(7), 6054707603575008 * 2^(−50)]
A3 =
[3/7, pi/3, sqrt(7), pi+sqrt(5)]
A23 =
[0,   0,   0,   189209612611719/35184372088832−pi−5^(1/2)]

【例 4-13】   求矩阵 $A = \begin{pmatrix} a_{11} & a_{12} \\ a_{21} & a_{22} \end{pmatrix}$ 的行列式值、逆和特征根。

    syms a11 a12 a21 a22;
    A = [a11,a12;a21,a22];
    DA = det(A),IA = inv(A),EA = eig(A)
    DA = a11 * a22−a12 * a21

指令窗中显示的执行结果为

    IA =
    [a22/(a11 * a22−a12 * a21), −a12/(a11 * a22−a12 * a21)]
    [−a21/(a11 * a22−a12 * a21), a11/(a11 * a22−a12 * a21)]
    EA =
    [1/2 * a11+1/2 * a22+1/2 * (a11^2−2 * a11 * a22+a22^2+4 * a12 * a21)^(1/2)]
    [1/2 * a11+1/2 * a22−1/2 * (a11^2−2 * a11 * a22+a22^2+4 * a12 * a21)^(1/2)]

2. 符号表达式中自由变量的确定

以下指令可实现对表达式中有自由符号变量或指定数目的独立自变量的自动认定。

findsym(EXPR)   % 确认表达式 EXPR 中所有自由符号变量

findsym(EXPR,N)   % 从表达式 EXPR 中确认出靠 x 最近的 N 个独立变量

〔说明〕 EXPR 可以是符号矩阵，此时该指令对自由变量的确认是对整个矩阵进行的，而不是对矩阵元素逐个进行的。

【例 4-14】 独立自由符号变量的自动辨认。

```
syms a b x X;              % 生成符号变量
k = sym('3');              % 生成符号常数(非自由变量)
z = sym('c * sqrt(x)')     % 生成符号对象(非独立变量)
expr = a * z+(b * X+k) * X % 生成符号表达式
findsym(expr)              % 列出所有独立自由符号变量
findsym(expr,1)            % 列出离 x 最近的 1 个自由符号变量
findsym(expr,3)            % 列出离 x 最近的 3 个自由符号变量
z =
    c * sqrt(x)
expr =
    a * c * x^(1/2)+(b * X+3) * X
ans =
    X, a, b, c, x
ans =
    x
ans =
    x,c,b
```

4.6.2　符号表达式的操作

1. simple(Y)

〔说明〕 simple(Y) 按规则把已有的 Y 符号表达式化成最简形式。

【例 4-15】 简化 $f = \sqrt[3]{\dfrac{1}{x^3}+\dfrac{6}{x^2}+\dfrac{12}{x}+8}$。

```
syms x
F = (1/x^3+6/x^2+12/x+8)^(1/3);
G1 = simple(F)
G2 = simple(G1)
```

指令窗中显示的执行结果为

```
G1 =
    (2 * x+1)/x
G2 =
    2+1/x
```

〔说明〕 为找到最少字母的简化形式，可能要多次使用 simple( ) 指令。

2. [RS, X] = subexpr(S, X)

〔说明〕 运用符号变量 X 置换符号对象 S 中的子表达式，重写 S 为 RS。

【例 4-16】　把复杂表达式中所含的多个相同子表达式用一个符号代替。

```
syms a b c d w;              % 定义符号对象
v=eig([a,b;c,d])             % 计算二阶行列式的特征根表达式 v
[rv,w]=subexpr(v,w)          % 对 v 中相同子式用 w 替代,生成 rv
```

指令窗中显示的执行结果为

```
v =
[ 1/2*a+1/2*d+1/2*(a^2-2*a*d+d^2+4*b*c)^(1/2)]
[ 1/2*a+1/2*d-1/2*(a^2-2*a*d+d^2+4*b*c)^(1/2)]
rv =
[ 1/2*a+1/2*d+1/2*w]
[ 1/2*a+1/2*d-1/2*w]
w =
(a^2-2*a*d+d^2+4*b*c)^(1/2)
```

3. RX=subs(X,new)

　　RX=subs(X,old,new)

[说明]　用 new 置换 X 中的自由变量后产生 RX，或用 new 置换 X 中的 old 后产生 RX。

【例 4-17】　置换指令示例。

```
syms a x;
F=a*sin(x)+5*exp(x);          % 生成符号函数
F1=subs(F,'sin(x)',sym('y'))   % 符号变量置换
F2=subs(F,{a,x},{2,sym(pi/3)}) % 符号常数置换
F3=subs(F,{a,x},{2, pi/3})      % 数值置换
```

指令窗中显示的执行结果为

```
F1 =
    a*y+5*exp(x)
F2 =
    3^(1/2)+5*exp(1/3*pi)
F3 =
    15.9803
```

4.6.3　符号微积分

在进行符号微积分运算时，如果不指定函数自变量，MATLAB 将根据上、下文，按照数学约定确定自变量。例如，自变量通常取小写字母，并且靠近拉丁字母表的后面（如 x、y 和 z）。

1. 符号微分

diff(f,a,n)　　　　　　求 $\dfrac{\mathrm{d}^n f(a)}{\mathrm{d}a^n}$。

[说明]

- 当 a 默认时，自变量会自动由 findsysm 确认；当 n 默认时，$n=1$。
- 当 f 是矩阵时，微分运算按矩阵的元素逐个进行。
- diff（ ）指令在数值计算中用来求差分。

【例 4-18】 已知系统的单位阶跃响应 $y = 1 - \mathrm{e}^{-\xi\omega_n t}\dfrac{1}{\sqrt{1-\xi^2}}\sin\left(\omega_d t + \arctan\dfrac{\sqrt{1-\xi^2}}{\xi}\right)$，且 $\xi = 0.5$，$\omega_n = 5\mathrm{s}^{-1}$，求系统的单位脉冲响应。

```
syms t
xi = 0.5; wn = 5;
wd = wn * sqrt(1-xi^2);
sita = atan(sqrt(1-xi^2)/xi);
y = 1-exp(-xi * wn * t) * sin(wd * t+sita)/sqrt(1-xi^2);
dy = diff(y)              % 求脉冲响应
dy = simple(dy)           % 对符号微分运算结果进行化简
```

指令窗中显示的执行结果为

```
dy =
    5/3 * exp(-5/2 * t) * sin(5/2 * 3^(1/2) * t+1/3 * pi) * 3^(1/2) -5 * exp(-5/2 * t) * cos(5/2
    * 3^(1/2) * t+1/3 * pi)
dy =
    10/3 * exp(-5/2 * t) * 3^(1/2) * sin(5/2 * 3^(1/2) * t)
```

2. 符号积分

和微分相比，符号积分是一个更复杂的工作，更加耗费机时，而且可能给不出"闭"解。但在很多情况下，MATLAB 可以成功地进行符号积分。符号积分的指令格式如下：

```
int (f, x)              % 给出 f 对指定变量 x 的不定积分
int (f, x, a, b)        % 给出 f 对指定变量 x 的定积分
```

[说明]

- 当 x 默认时，自变量会自动由 findsysm 确认。
- 当 f 是矩阵时，积分运算按矩阵的元素逐个进行。
- a、b 是积分上、下限，允许它们取任何值或符号表达式。

对由例 4-18 计算出的脉冲响应，进行积分，输入以下指令：

```
iy = int(dy,t,0,x)       % 积分区间[0,x]
iy = simple(iy)
```

指令窗中显示的执行结果为

```
iy =
    -exp(-5/2 * x) * cos(5/2 * x * 3^(1/2)) -1/3 * 3^(1/2) * exp(-5/2 * x) * sin(5/2 * x * 3^(1/
    2)) +1
```

MATLAB 符号工具箱还提供了求和、求极限、泰勒级数展开等多种符号运算，可参看

MATLAB 帮助文本或其他参考资料。

习　题　4

1. 请分别用 for 和 while 循环语句计算 $K = \sum\limits_{i=0}^{63} 2^i$ 的程序，再写出一种避免循环的计算程序（提示：可考虑利用 MATLAB 的 sum（X，n）函数，实现沿数组 X 的第 n 维求和）。

2. 重做例 4-8，要求将其 3 个子图上的圆和多边形绘制在同一个坐标系中。

3. 利用置换指令 subs（X，new），绘制例 4-18 中的脉冲响应在 $t =$ ［0，18］的曲线。

4. 试利用 feval（ ）指令计算 $F(x) + F^2(x)$，其中 F 可取'sin'、'cos'（提示：先编写一个 M 函数 function $y = $trif（F，x）实现 $F(x) + F^2(x)$ 的计算，再编写调用函数完成 F 为'sin'或'cos'的计算）。

5. M 文件编辑器调试功能按钮使用练习。先在 M 文件编辑器中输入例 4-8(1)中的 M 函数文件 mainfun，并将其保存在 MATLAB 的 work 目录中如图 4-6 所示；单击 M 文件编辑器工具栏中的 按钮，在新建立的 M 文件编辑器中输入例 4-8(2)中的 MATLAB 指令，并用 callexample 文件名保存在同一目录中，如图 4-7 所示；单击断点设置按钮 ，将 callexample 的第五行语句设置为断点，单击程序连续运行按钮 ，程序将执行到断点处停止，如图 4-8 所示；此后单击单步运行按钮 可观察每一条指令执行结果，单击进入被调

图 4-6　题 5 图-1

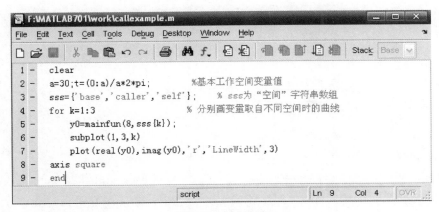

图 4-7　题 5 图-2

函数或子程序按钮可在被调函数或子程序中观察程序执行情况等。

图 4-8　题 5 图-3

第 5 章　系 统 模 型

建立系统模型是进行系统仿真的基础。MATLAB 提供了丰富的系统建模指令，并且能够方便地对不同形式的模型进行转换。因此只要建立被仿真系统的数学模型，就不难利用 MATLAB 进行系统仿真。本章重点介绍有关动态系统仿真的 MATLAB 建模及相关的模型运算指令，并通过具体例子介绍 MATLAB 在机电系统建模中的应用。

5.1　系统仿真概述

5.1.1　系统仿真及其分类

1. 系统仿真的定义

"仿真"译自英文 Simulation，指对现实系统某一层次抽象属性的模仿或指在实际系统尚不存在的情况下，系统或活动本质的复现。在工程技术中则是指通过对系统模型的实验，研究一个存在的或设计中的系统。

系统仿真是根据被研究的真实系统的数学模型研究系统性能的一门学科，现在尤指利用计算机去研究系统数学模型行为的方法。

2. 系统仿真的分类

（1）基于物理模型的仿真　基于物理模型的仿真也称为实物仿真，是指通过物理模型对研究对象的实际行为和过程进行仿真，早期的仿真大都属于这一类。由于它具有直观、形象的优点，在航天、建筑、船舶、汽车等许多行业至今仍然是一种重要的研究手段。但是构造一个复杂的物理模型十分耗时、耗资，而且调整模型结构、参数十分不便，因此使得基于数学模型的仿真成为现代仿真的主要方法。

（2）基于数学模型的仿真　用数学的语言、方法去近似描述系统运动过程中各个参变量及其相互之间的关系，就是系统的数学模型，包括解析模型、统计模型等。这种仿真方法的优点是快捷、方便，但由于数学模型只能是实际系统的一种近似描述，所以仿真结果的有效性取决于所建模型的准确性。按照数学模型的不同种类，基于数学模型的仿真可分为以下不同类型。

1）按计算机分类：

- 模拟计算机仿真。在模拟计算机上编排系统模型并运行。
- 数字计算机仿真。在数字计算机上用程序来描述系统模型，并运行。
- 模拟数字混合仿真。也称为将系统模型分成数字和模拟两部分，同时利用数字计算机和模拟计算机进行仿真。

2）按时间系统模型分类：

- 连续系统仿真。系统模型中的状态变量是连续变化的（包括离散时间系统仿真）。
- 离散事件系统仿真。模型中的状态变量只在模型某些离散时刻因某种事件而发生变化。这类系统模型一般不能表示为方程式的形式。

（3）混合仿真　混合仿真又称为数学-物理仿真或半实物仿真，就是把物理模型和数学模型以及实物组合在一起进行实验的方法。这种方法既具有基于物理模型仿真方法的直观、形象，又具有基于数学模型仿真方法的快捷、方便，是一种非常有效的仿真方法。

5.1.2　仿真模型与仿真研究

1. 仿真模型

模型是仿真的基础，建立模型是进行系统仿真的第一步。图 5-1 为各种模型的概括表述。本书主要介绍对机电系统的动态仿真，因此所涉及的仿真模型主要是具有集中参数的动态连续系统，包括采样控制系统。

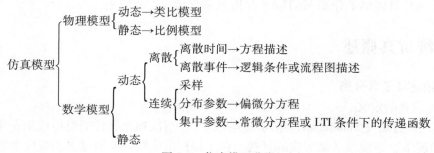

图 5-1　仿真模型分类

一般地，系统数学模型是系统的一次近似模型，而仿真数学模型是系统的二次近似模型。

2. 计算机仿真过程

（1）建模　所建立的计算机模型（仿真数学模型）应与对象的功能和参数之间具有相似性和对应性。可以先建立一个简单模型，然后根据仿真的结果不断完善。

（2）模型实现　利用数学公式、逻辑公式和各种算法等来表示系统的内部状态和输入输出关系。这一阶段通常要花费大量时间，优秀的仿真软件如 MATLAB 软件，将会大大提高仿真的效率和可靠性。

（3）仿真分析　确定仿真方案，如输入信号的类型、仿真运行的时间，通过运行仿真程序，对仿真结果进行分析，并利用实际系统的数据对其进行验证。

5.2　系统数学模型

5.2.1　系统时域模型

系统时域模型指系统运动变化过程的时间域描述，可用微分方程、差分方程表示，也可以用状态空间方程表示。

1. 连续时间系统

集中参数连续时间系统用常微分方程描述。对于单输入单输出（SISO）系统，其数学模型的一般形式为

$$a_n y^{(n)}(t) + a_{n-1} y^{(n-1)}(t) + \cdots + a_0 y(t) = b_m u^{(m)}(t) + b_{m-1} u^{(m-1)}(t) + \cdots + b_0 u(t)$$

$$(5-1)$$

式中，u、y 分别为系统的输入和输出；a_i、b_i 为各导数项系数。

2. 离散时间系统

离散时间系统用差分方程描述。对于单输入单输出系统，其模型的一般形式为

$$a_n y[(k+n)T] + a_{n-1} y[(k+n-1)T] + \cdots + a_0 y(kT) =$$
$$b_m u[(k+m)T] + b_{m-1} u[(k+m-1)T] + \cdots + b_0 u(kT) \tag{5-2}$$

式中，T 为采样周期，在简便书写时常将其省略。

在式（5-1）和式（5-2）中，若 a_i、b_i 均为常数，则系统被称为线性时不变（LTI）系统。MATLAB 控制工具箱为 LTI 系统提供了大量完善的工具函数。

由系统的常微分方程和差分方程模型，还可得到 LTI 条件、零初始状态下的系统传递函数模型、状态空间模型以及频率特性模型等。

5.2.2 系统传递函数模型

1. 连续系统

对于 SISO 连续时间系统，由其微分方程（5-1）可得到系统的传递函数：

$$G(s) = \frac{Y(s)}{U(s)} = \frac{b_m s^m + b_{m-1} s^{m-1} + \cdots + b_0}{a_n s^n + a_{n-1} s^{n-1} + \cdots + a_0} \tag{5-3}$$

在 MATLAB 中，用指令 tf( ) 可以建立一个连续系统的传递函数模型，其调用格式为

  sys = tf(num，den)

［说明］ num 为传递函数分子系数向量，den 为传递函数分母系数向量。

【例 5-1】 用 MATLAB 建立系统传递函数模型：$G(s) = \dfrac{s+2}{s^2+s+10}$。

在指令窗中输入：

  num = [1,2];
  den = [1 1 10];
  sys = tf(num,den)

结果显示为

  Transfer function：
   s+2
  ----
  s^2+s+10

［说明］ 直接输入 sys = tf（[1，2]，[1，1，10]），也可得到同样的结果。

2. 离散系统

对于 SISO 离散时间系统，由其差分方程式（5-2）经 Z 变换，可得到该系统的脉冲传递函数（或 z 传递函数）：

$$G(z) = \frac{Y(z)}{U(z)} = \frac{b_m z^m + b_{m-1} z^{m-1} + \cdots + b_0}{a_n z^n + a_{n-1} z^{n-1} + \cdots + a_0} \tag{5-4}$$

在 MATLAB 中，用指令 tf( ) 可以建立一个 LTI 离散系统的脉冲传递函数模型，其调用格式为

  sys = tf （num，den，Ts)

［说明］ num 为 z 传递函数分子系数向量，den 为 z 传递函数分母系数向量，Ts 为采样

周期。调用方法与连续系统相同，只是需预先给 Ts 赋值。

5.2.3 系统零极点增益模型

1. 连续系统

对于 SISO 连续系统传递函数也可写成零极点表达式形式：

$$G(s) = K\frac{(s-z_1)(s-z_2)\cdots(s-z_m)}{(s-p_1)(s-p_2)\cdots(s-p_n)} \tag{5-5}$$

在 MATLAB 中，用指令 zpk( ) 可以建立一个连续系统的零极点增益模型，其调用格式为

sys = zpk（Z，P，K）

[说明] Z、P、K 分别为系统的零点向量、极点向量和增益。

【例 5-2】 用 MATLAB 建立系统零极点增益模型：$G(s) = \dfrac{18(s+2)}{(s+0.4)(s+15)(s+25)}$。

在指令窗中输入：

```
z=-2;
p=[-0.4 -15 -25];
k=18;
sys=zpk(z,p,k)
```

结果显示为

```
Zero/pole/gain：
          18(s+2)
-----------------------------------
(s+0.4)(s+15)(s+25)
```

[说明] 在指令窗中直接输入 sys=zpk（-2，[-0.4，-15，-25]，18），也可得到同样的结果。

2. 离散系统

对于 SISO 离散时间系统，也可用指令 zpk( ) 建立零极点增益模型，调用格式为

```
sys=zpk(Z,P,K,Ts)
```

[说明] Z、P、K 分别为系统的零点向量、极点向量和增益，Ts 为采样周期。

5.2.4 状态空间模型

1. 连续系统

现代控制理论描述系统动态特性采用状态空间模型，对连续时间系统其基本形式为

$$\begin{aligned}\dot{X} &= AX + BU \\ Y &= CX + DU\end{aligned} \tag{5-6}$$

式中，X 为状态向量，$X \in R^n$；U 为输入向量，$U \in R^m$；Y 为输出向量，$Y \in R^l$；A 为系统矩阵，$A \in R^{n \times n}$；B 为输入矩阵，$B \in R^{n \times m}$；C 为输出矩阵，$C \in R^{l \times n}$；D 为直接传递矩阵，$D \in R^{l \times m}$。

在 MATLAB 中，用指令 ss( ) 可对式（5-6）建立一个状态空间模型，调用格式为

sys = ss（A，B，C，D）

［说明］　A、B、C、D 分别与式（5-6）中 **A**、**B**、**C**、**D** 对应。

【**例 5-3**】　对图 5-2 所示的质量–弹簧–阻尼机械系统，当 $m = 5\text{kg}$，$k = 2\text{N/m}$，$c = 0.1\text{N/m} \cdot \text{s}^{-1}$，建立 MATLAB 状态空间模型。

解　该系统的动力学方程形式为

$$m\ddot{y} + c\dot{y} + ky = ku$$

设

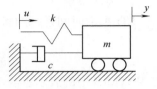

图 5-2　质量–弹簧–阻尼
机械系统

$$x_1 = y$$
$$x_2 = \dot{x}_1$$
$$\boldsymbol{X} = (x_1,\ x_2)^{\text{T}}$$

可得该系统的状态空间模型为

$$\begin{pmatrix} \dot{x}_1 \\ \dot{x}_2 \end{pmatrix} = \begin{pmatrix} 0 & 1 \\ -\dfrac{k}{m} & -\dfrac{c}{m} \end{pmatrix} \begin{pmatrix} x_1 \\ x_2 \end{pmatrix} + \begin{pmatrix} 0 \\ \dfrac{k}{m} \end{pmatrix} u$$

$$y = (1 \quad 0) \begin{pmatrix} x_1 \\ x_2 \end{pmatrix}$$

显然该系统中直接传递矩阵 **D** = 0（对大多数工程系统都是如此）。系统的 MATLAB 编程如下：

```
m=5;k=2;c=0.1;
A=[0,1;-k/m,-c/m];
B=[0,k/m]';
C=[1,0];
D=0;
sys=ss(A,B,C,D)
```

执行以上指令，在指令窗中显示的结果为

```
a =
          x1        x2
  x1       0         1
  x2     -0.4     -0.02
b =
          u1
  x1       0
  x2      0.4
c =
          x1       x2
  y1       1        0
d =
          u1
  y1       0
Continuous-time model
```

［说明］ a、b、c、d 分别对应原系统中的 **A**、**B**、**C**、**D**，x1、x2 为 MATLAB 默认的状态变量，y1、u1 为默认的系统输出和输入变量。

2. 离散系统

LTI 离散时间系统的状态空间模型与连续系统的类似，形式为

$$X(k + 1) = AX(k) + BU(k)$$
$$Y(k + 1) = CX(k) + DU(k + 1)$$

(5-7)

在 MATLAB 中的表示也与连续系统类似，形式为

sys = ss（A，B，C，D，Ts）

［说明］ A、B、C、D 与式（5-7）对应，Ts 为采样周期。

5.2.5 系统模型的转换

利用 MATLAB 可方便地实现系统数学模型不同表达式之间的转换，例如：

```
Newsys = tf( sys )        % 将非传递函数形式的系统模型 sys 转化成传递函数模型 Newsys
Newsys = zpk( sys )       % 将非零极点增益形式的系统模型 sys 转化成零极点增益模型 Newsys
Newsys = ss( sys )        % 将非状态空间形式的系统模型 sys 转化成状态空间模型 Newsys
```

【例 5-4】 模型转换演示：将例 5-3 中的状态空间模型转换成零极点增益模型和传递函数模型。

```
systf = tf( sys )
syszpk = zpk( sys )
```

执行以上指令，在指令窗中显示的结果为

```
Transfer function：

       0. 4
-----------------------
s^2+0. 02s+0. 4
Zero/pole/gain：
         0. 4
-----------------------
( s^2+0. 02s+0. 4)
```

［说明］ 对于有复数零极点的零极点增益模型，MATLAB 只给出对应的二阶因式。

【例 5-5】 模型转换演示：系统传递函数模型转换成零极点增益模型。

```
num = [1,3,1]；
den = [1 2 5 10]；
sys = tf( num,den)
nsys = zpk( sys )
```

执行以上指令，在指令窗中显示的结果为

```
Transfer function：
   s^2+3s+1
-----------------------
s^3+2s^2+5s+10
Zero/pole/gain：
```

```
     (s+2.618) (s+0.382)
----------------------------
     (s+2) (s^2+5)
```

5.2.6 系统模型参数的获取

利用 MATLAB 可方便地获取系统模型的参数，例如：

[num,den]=tfdata(sys,'v') % 求模型 sys 的分子系数向量和分母系数向量，'v'为返回的数据向量
[z,p,k]=zpkdata(sys,'v') % 求模型 sys 的零点向量、极点向量和增益，'v'为返回的数据向量

【例 5-6】 获取模型参数演示，系统模型为 $G(s) = \dfrac{5s + 3}{s^3 + 6s^2 + 11s + 6}$。

NUM=[5,3];
DEN=[1,6,11,6];
SYS=tf(NUM,DEN)
[Z,P,K]=zpkdata(SYS,'v')

执行以上指令，在指令窗中显示的结果为

```
Transfer function：

     5s+3
-----------------------
s^3+6s^2+11s+6
Z=

    -0.6000
P=

    -3.0000

    -2.0000

    -1.0000
K=

    5
```

[说明] 在第四行指令中，若省略'v'，则结果为

```
Z=

    [-0.6000]
P=

    [3x1 double]
K=

    5
```

MATLAB 还提供了绘制系统传递函数零极点分布图的指令：

pzmap(sys)

[说明]
- sys 为已输入到 MATLAB 中的系统模型。
- 该指令将在 s 平面上用符号"○"表示零点，符号"×"表示极点。

【例 5-7】 绘制模型零极点演示，系统模型为 $G(s) = \dfrac{5s + 3}{s^3 + 6s^2 + 11s + 6}$。

```
NUM = [5,3];DEN = [1,6,11,6];
SYS = tf(NUM,DEN);
[z,p,k] = zpkdata(SYS,'v')
pzmap(SYS)
```

执行结果如下，图 5-3 为所绘零极点分布图。

```
z =
    -0.6000
p =
    -3.0000
    -2.0000
    -1.0000
k =
     5
```

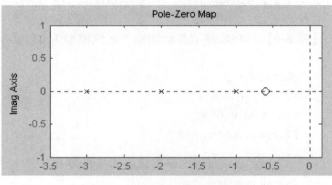

图 5-3 绘制系统零极点分布图

5.2.7 时间延迟系统建模

有时间延迟环节的系统传递函数模型为

$$G(s) = G_1(s)\mathrm{e}^{-s\tau} \tag{5-8}$$

式中，$G_1(s)$ 为系统无时延部分的模型传递函数；τ 为延迟时间。利用 MATLAB 建立系统模型，需给出模型时间延迟属性：

```
sys = tf(num,den,'InputDelay',tao)
sys = zpk(z,p,k,'InputDelay',tao)
```

[说明]
- 'InputDelay'为关键词，也可写成'OutputDelay'，对于线性 SISO 系统，二者是等价的。
- tao 为系统延迟时间 τ 的数值。

【例 5-8】 延时模型演示，系统模型为 $G(s) = \mathrm{e}^{-0.5s}\dfrac{5s + 3}{s^3 + 6s^2 + 11s + 6}$。

```
NUM = [5,3];
DEN = [1,6,11,6];
SYS = tf(NUM,DEN,'inputdelay',0.5)
```

执行以上指令，在指令窗中显示的结果为

```
Transfer function：
                        5s+3
exp(-0.5*s) *   ------------------------
                s^3+6s^2+11s+6
```

[说明] 在第三行指令中，将'inputdelay'换成'outputdelay'，结果不变。

5.2.8　模型属性设置和获取

在 MATLAB 中，用指令 tf( )、zpk( ) 生成的系统称为对象。每个对象都有属性。对象的属性可通过 MATLAB 函数 set( ) 设置，也可由函数 get( ) 获取。

set(sys,'Property1',Value1,'Property2',Value2,…)　% 设置模型对象属性
value = get(sys,'PropertyName')或 get(sys)　　% 获取模型对象属性

［说明］　属性名见属性表中的属性栏。

对于线性时不变系统，模型的有关通用属性如表 5-1 所示。

线性时不变模型有关专用属性如表 5-2 所示。

表 5-1　线性时不变系统模型的有关通用属性

属性	描述	属性值
InputDelay	输入延迟	向量
InputName	输入通道名	字符串单元向量
Note	模型记录中注释	文本
OutputDelay	输出延迟	向量
OutputName	输出通道名	字符串单元向量

表 5-2　线性时不变系统模型有关专用属性

模型形式	属性	描述	属性值
TF 模型	Num	分子系数	行向量实型单元数组
	Den	分母系数	行向量实型单元数组
	Variable	传递函数变量	字符串's''p''z''q'
ZPK 模型	K	增益	实型矩阵
	P	极点	列向量实型单元数组
	Z	零点	列向量实型单元数组
	Variable	传递函数变量	字符串's''p''z''q'

【例 5-9】　设置、获取模型属性演示，系统模型 $G(s) = e^{-0.5s} \dfrac{5s + 3}{s^3 + 6s^2 + 11s + 4}$。

NUM = [5,3];DEN = [1,6,11,4];
SYS = tf(NUM,DEN,'inputdelay',0.5);
set(SYS,'inputname','step','outputname','velocity')
SYS
get(SYS)

执行以上指令，在指令窗中显示的结果为

SYS = From input'step'to output'velocity':

```
                    5s+3
exp( -0.5 * s ) * ----------------------
                  s^3+6s^2+11s+4
```

```
Numerator: {[0 0 5 3]}
Denominator: {[1 6 11 4]}
    Variable: 's'
     IODelay: 0
  InputDelay: 0. 5000
 OutputDelay: 0
          Ts: 0
    TimeUnit: 'seconds'
   InputName: {'step'}
   InputUnit: {''}
  InputGroup: [1×1 struct]
  OutputName: {'velocity'}
  OutputUnit: {''}
 OutputGroup: [1×1 struct]
        Name: ''
       Notes: {}
    UserData: []
SamplingGrid: [1×1 struct]
```

5.3   系统模型的连接

5.3.1   模型串联

两个线性模型串联及其等效模型如图 5-4 所示，且 sys = sys1×sys2。

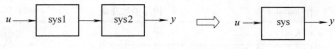

$$u \longrightarrow \boxed{\text{sys1}} \longrightarrow \boxed{\text{sys2}} \longrightarrow y \qquad \Longrightarrow \qquad u \longrightarrow \boxed{\text{sys}} \longrightarrow y$$

图 5-4   模型串联及其等效模型

MATLAB 对串联模型的运算如下：

  sys = series(sys1，sys2)

［说明］ 上式可等价写为 sys = sys1 * sys2。

【例 5-10】   模型串联运算演示，模型 1、2 分别为 $G_1(s) = \dfrac{s+2}{s^2+s+10}$，$G_2(s) = \dfrac{2}{s+3}$。

```
sys1 = tf([1,2],[1,1,10]);
sys2 = tf(2,[1,3]);
sys = series(sys1,sys2)
```

执行以上指令，在指令窗中显示的结果为

```
sys =
  2s+4
-------------------------
s^3+4s^2+13s+30
```

5.3.2 模型并联

两个线性模型并联及其等效模型如图 5-5 所示，且 sys = sys1+sys2。

MATLAB 对模型并联的运算如下：

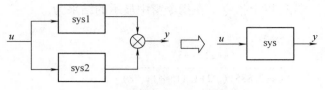

图 5-5 模型并联及其等效模型

$$sys = parallel(sys1, sys2)$$

［说明］ 上式可等价写为 sys = sys1+sys2。

【例 5-11】 模型并联运算演示，模型 1、2 分别为 $G_1(s) = \dfrac{s+2}{s^2+s+10}$，$G_2(s) = \dfrac{2}{s+3}$。

```
sys1 = tf([1,2],[1,1,10]);
sys2 = tf(2,[1,3]);
sys = parallel(sys1,sys2)
```

执行以上指令，在指令窗中显示的结果为

```
sys =
    3s^2+7s+26
   -------------------------
   s^3+4s^2+13s+30
```

5.3.3 反馈连接

两个线性模型反馈连接及其等效模型如图 5-6 所示。

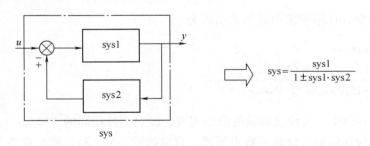

$$sys = \frac{sys1}{1 \pm sys1 \cdot sys2}$$

图 5-6 模型反馈连接及其等效模型

MATLAB 对反馈连接的运算如下：

$$sys = feedback(sys1, sys2, sign)$$

［说明］ sign 表示反馈连接符号：负反馈连接 sign=−1，正反馈连接 sign=1。

【例 5-12】 反馈连接运算演示，其中 $G(s) = \dfrac{s+2}{s^2+s+10}$ 为前向环节，$H(s) = \dfrac{2}{s+3}$ 为反馈环节，且为负反馈。

```
sys1 = tf([1,2],[1,1,10]);
sys2 = zpk([],-3,2);
```

sys = feedback(sys1,sys2,−1)

执行以上指令，在指令窗中显示的结果为

sys =

$$\frac{(s+2)(s+3)}{(s+2.885)(s^2+1.115s+11.78)}$$

【例5-13】 求图5-7所示系统模型的传递函数。已知此框图中 $G_1 = \dfrac{1}{s+10}$，$G_2 = \dfrac{1}{s+1}$，$G_3 = \dfrac{s+1}{s^2+4s+4}$，$G_4 = \dfrac{s+1}{s+6}$，$H_1 = \dfrac{s+1}{s+2}$，$H_2 = 2$，$H_3 = 1$。

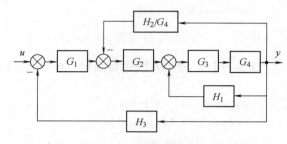

图5-7 多环系统框图

MATLAB 编程如下：

```
G1 = tf(1,[1  10]);G2 = tf(1,[1  1]);
G3 = tf([1  1],[1  4  4]);G4 = tf([1  1],[1  6]);
H1 = tf([1  1],[1  2]);H2 = 2;H3 = 1;
P1 = minreal(G3 * G4/(1−H1 * G3 * G4));
P2 = minreal(G2 * P1/(1+G2 * P1 * H2/G4));
P3 = feedback(G1 * P2,H3,−1)
```

执行以上指令，在指令窗中显示的结果为

Transfer function：

$$\frac{s^2+3s+2}{s^5+21s^4+157s^3+564s^2+1004s+712}$$

［说明］ minreal( ) 为传递函数的最小实现，即对消掉相同的零极点。

若要将系统传递函数转化成零极点形式，只需执行 zpk(P3)，即可在指令窗中得到所需结果：

Zero/pole/gain：

$$\frac{(s+2)(s+1)}{(s+10.03)(s+3.426)(s+2.272)(s^2+5.277s+9.124)}$$

5.4 机电系统建模举例

5.4.1 半定系统建模

在多自由度振动系统中，若系统质量矩阵 $\{M\}$ 是正定的，刚度矩阵 $\{K\}$ 是半正定的，则称这种振动系统为半定系统。半定系统是一种约束不充分，而存在刚体运动的系统，如图 5-8 所示。

以下分析如何用 MATLAB 求图 5-8 所示半定系统，以 m_2 的位移 x_2 为输出，以作用在 m_2 上的力 f 为输入的系统传递函数。

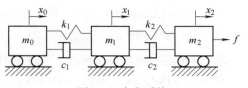

图 5-8　半定系统

1. 建立系统动力学方程

$$m_2\ddot{x}_2 = f - k_2(x_2 - x_1) - c_2(\dot{x}_2 - \dot{x}_1)$$

$$m_1\ddot{x}_1 = k_2(x_2 - x_1) + c_2(\dot{x}_2 - \dot{x}_1) - k_1(x_1 - x_0) - c_1(\dot{x}_1 - \dot{x}_0)$$

$$m_0\ddot{x}_0 = k_1(x_1 - x_0) + c_1(\dot{x}_1 - \dot{x}_0)$$

令 $z_1 = x_0$, $z_2 = x_1$, $z_3 = x_2$, $z_4 = \dot{x}_0$, $z_5 = \dot{x}_1$, $z_6 = \dot{x}_2$, $y = x_2$, 且 $\mathbf{Z} = (z_1 \quad z_2 \quad z_3 \quad z_4 \quad z_5 \quad z_6)^{\mathrm{T}}$ 则可得该系统的状态空间方程为

$$\dot{\mathbf{Z}} = \begin{pmatrix} 0 & 0 & 0 & 1 & 0 & 0 \\ 0 & 0 & 0 & 0 & 1 & 0 \\ 0 & 0 & 0 & 0 & 0 & 1 \\ -k_1/m_0 & k_1/m_0 & 0 & -c_1/m_0 & c_1/m_0 & 0 \\ k_1/m_1 & -(k_1+k_2)/m_1 & k_2/m_1 & c_1/m_1 & -(c_1+c_2)/m_1 & c_2/m_1 \\ 0 & k_2/m_2 & -k_2/m_2 & 0 & c_2/m_2 & -c_2/m_2 \end{pmatrix} \mathbf{Z} + \begin{pmatrix} 0 \\ 0 \\ 0 \\ 0 \\ 0 \\ 1/m_2 \end{pmatrix} f$$

$$y = (0 \quad 0 \quad 1 \quad 0 \quad 0 \quad 0)\, \mathbf{Z}$$

2. 求传递函数 $X_2(s)/F(s)$

1）以下先编写一个建立半定系统动力学模型的传递函数的 M 函数文件 modelm. m，函数的调用参数向量 sysp 为系统的质量、阻尼、刚度值。

```
function[sysm]=modelm(sysp)
m0=sysp(1);
m1=sysp(2);
m2=sysp(3);
k1=sysp(4);
k2=sysp(5);
c1=sysp(6);
c2=sysp(7);
A=[0  0  0  1  0  0;
   0  0  0  0  1  0;
   0  0  0  0  0  1;
   -k1/m0,k1/m0,0,-c1/m0,c1/m0,0;
   k1/m1,-(k1+k2)/m1,k2/m1,c1/m1,-(c1+c2)/m1,c2/m1;
   0,k2/m2,-k2/m2,0,c2/m2,-c2/m2];
B=[0  0  0  0  0  1/m2]';
C=[0  0  1  0  0  0];
D=0;
```

$$sys1 = ss(A, B, C, D);$$

$$sysm = zpk(sys1);$$

2）调用建模函数 modelm( ) 产生具体的半定系统的传递函数模型。

设 $m_0 = 21\text{kg}$，$m_1 = 9\text{kg}$，$m_2 = 15\text{kg}$，$k_1 = 1000\text{N/m}$，$k_2 = 400\text{N/m}$，$c_1 = c_2 = 0$，执行以下指令调用 modelm( )：

$$sysp = [21.0, 9.0, 15.0, 1000.0, 400.0, 0.00, 0.00];$$

$$X2\_F = modelm(sysp)$$

即可求出该系统的传递函数：

Zero/pole/gain：

$$\frac{0.066667(s^2 + 11.01)(s^2 + 192.2)}{(s^2 + 2.194e-0.15)(s^2 + 32.11)(s^2 + 197.7)}$$

5.4.2 机械加速度计建模

机械加速度计可用于检测机械运动物体的加速度。加速度计的物理模型如图 5-9 所示，其质量 m 的位移 y 近似与被测运动物体 m_s 的加速度 $\ddot{x}$ 成正比，现求加速度计输出 y 与运动物体的作用力 f 之间的动力学关系。

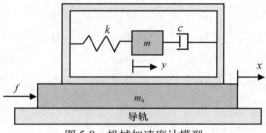

图 5-9 机械加速度计模型

1. 建立系统动力学方程

注意到 y 为质量 m 相对于加速度计壳体的位移，可得质量 m 的力平衡方程为

$$m \frac{\mathrm{d}^2}{\mathrm{d}t^2}(y + x) = -c \frac{\mathrm{d}y}{\mathrm{d}t} - ky$$

整理后，为

$$m\ddot{y} + c\dot{y} + ky = -m\ddot{x}$$

不考虑 m_s 与导轨之间的摩擦力，且加速度计的质量远小于被测运动物体质量，则对质量 m_s 有

$$m_s \ddot{x} = f$$

则加速度计的动力学方程为

$$m\ddot{y} + c\dot{y} + ky = -\frac{m}{m_s}f$$

2. 求传递函数 $Y(s)/F(s)$

该传递函数可直接求出

$$\frac{Y(s)}{F(s)} = \frac{-\dfrac{1}{m_s}}{s^2 + \dfrac{c}{m}s + \dfrac{k}{m}}$$

设 $c/m = 3$，$k/m = 2$，$1/m_s = 3$，可得该系统的 MATLAB 模型。

```
b=3;
a1=3;
a0=2;
Y_F=tf(-b,[1,a1,a0])
```

执行结果为

```
Transfer function：
      -3
  ---------------
  s^2+3s+2
```

当 f 为单位阶跃输入时，加速度计的输出
如图 5-10 所示。由图 5-10 可知，输入时间 5s
后，加速度计的输出位移基本上就与输入力成
比例，即与物体运动的加速度成比例。

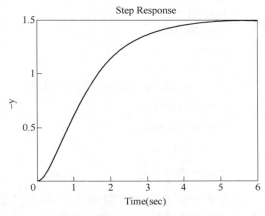

图 5-10　加速度计的单位阶跃响应

5.4.3　磁悬浮系统建模

电磁轴承是目前唯一投入使用的可以实施主动控制的支撑。通过反馈控制方法调节磁场
的磁性，可使轴总保持在中央而不接触磁铁，
因而无摩擦。图 5-11 所示为基本的磁悬浮系
统模型。

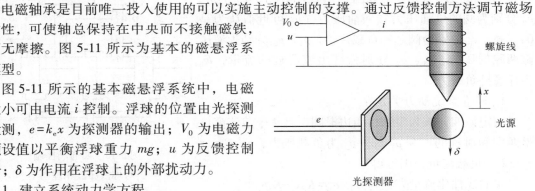

图 5-11 所示的基本磁悬浮系统中，电磁
力大小可由电流 i 控制。浮球的位置由光探测
器检测，$e=k_e x$ 为探测器的输出；V_0 为电磁力
的预设值以平衡浮球重力 mg；u 为反馈控制
信号；δ 为作用在浮球上的外部扰动力。

图 5-11　基本的磁悬浮系统模型

1. 建立系统动力学方程

作用在球上向上的电磁力可近似用下式表
示，即电磁力是线圈电流和浮球位置的线性函数
$$f = k_i i + k_x x$$
设计功率放大器使线圈电流　　$i = u + V_0$
采用比例+微分控制，控制电压　　$u = -K_p e - K_d \dot{e} = -K_p k_e x - K_d k_e \dot{x}$
且浮球的力平衡方程为　　$m\ddot{x} = f - mg - \delta = k_x x + k_i i - mg - \delta$
选择 V_0，使　　$V_0 = mg/k_i$
则可得在外部扰动力作用下的系统的动力学方程为
$$m\ddot{x} + K_d k_i k_e \dot{x} + (K_p k_i k_e - k_x)x = \delta$$

2. 求浮球位移对扰动的传递函数 $Y(s)/\delta(s)$

设 $m=20\text{g}$，$k_i = 0.5\text{N/A}$，$k_x = 20\text{N/m}$，$k_e = 100\text{V/m}$，$K_d = 8$，$K_p = 100$，可得该系统的
MATLAB 模型。

```
m=20;
ki=0.5;
```

```
kx = 20;
ke = 100;
Kd = 8;
Kp = 100;
den = [ m, Kd * ki * ke, Kp * ki * ke-kx ];
sys = tf( 1, den )

Transfer function：
            1
-------------------------
20s^2+400s+4980
```

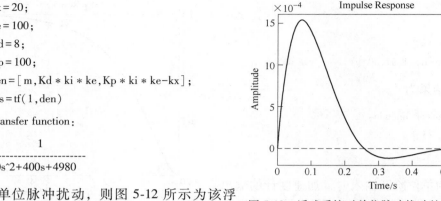

设为单位脉冲扰动，则图 5-12 所示为该浮球系统对脉冲扰动的响应过程。

图 5-12 浮球系统对单位脉冲扰动的响应过程

5.4.4 液压动力元件建模

四通阀控制对称液压缸是液压伺服控制系统中一种常用的液压动力元件，如图 5-13 所示。图 5-13 中 p_s、p_0 分别为阀的供油压力和回油压力（p_0 可近似认为是 0），x_v、x_p 分别为阀芯和负载位移，p_1、p_2 分别为液压缸两腔的压力，q_1、q_2 分别为进出液压缸的流量，F_L 为任意外负载力。

1. 建立系统动力学方程

假定该四通阀为零开口四边滑阀，且 4 个节流窗口是匹配和对称的，令 $p_L = p_1 - p_2$ 为负载压力，$q_L = (q_1 + q_2)/2$ 为负载流量，则可得

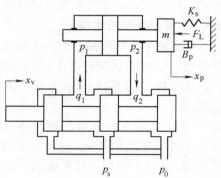

图 5-13 四通阀控制
对称液压缸原理图

阀的线性化流量方程为
$$q_L = K_q x_v - K_c p_L$$

液压缸的流量连续方程为
$$q_L = A_p \frac{dx_p}{dt} + C_{tp} p_L + \frac{V_t}{4\beta_e} \frac{dp_l}{dt}$$

负载力平衡方程为
$$m \frac{d^2 x_p}{dt^2} + B_p \frac{dx_p}{dt} + K_s x_p = A_p p_l - F_L$$

式中，K_q、K_c 分别为阀的流量增益和流量-压力系数，A_p 为液压缸工作面积，C_{tp} 为液压缸总泄漏系数，V_t 为液压缸（含油管）总压缩容积，β_e 为封闭在阀、缸之间的油液等效体积弹性模量。

对以上 3 个方程进行拉普拉斯变换，可得图 5-14 所示的阀控液压缸系统的传递函数框图。

2. 求 x_p 对 x_v、F_L 的传递函数

设 $K_q = 1.5 m^2/s$，$K_c = 1.2 \times 10^{-11} m^3/s \cdot Pa$，$A_p = 1.68 \times 10^{-2} m^2$，$V_t = 2 \times 10^{-3} m^3$，$\beta_e = 7 \times 10^8 Pa$，$K_s = 6.5 \times 10^6 N/m$，$m =$

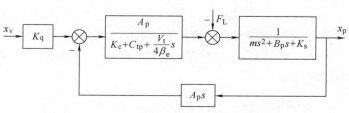

图 5-14 阀控液压缸传递函数框图

30kg，$B_{\text{p}}=200\text{N}\cdot\text{s/m}$，$C_{\text{tp}}=2.6\times10^{-10}\text{m}^3/\text{s}\cdot\text{Pa}$。MATLAB 编程并执行如下：

```
Kq = 1.5；
Kc = 1.2e-11；
Ap = 1.68e-2；
Vt = 2e-3；
Be = 7e+8；
Ks = 6.5e+6；
m = 30；
Bp = 200；
Ctp = 2.6e-10；
num1 = Ap；
den1 = [Vt/4/Be, Kc+Ctp]；
num2 = 1；
den2 = [m, Bp, Ks]；
G1 = tf(num1,den1)；
G2 = tf(num2,den2)；
Fb = tf([Ap,0],1)；
spx = Kq * minreal(G1 * G2/(1+Fb * G1 * G2))    % 液压缸活塞位移对输入阀芯位移的传递函数
spf = -minreal(G2/(1+Fb * G1 * G2))             % 液压缸活塞位移对输入扰动力的传递函数
```

显示的结果为

```
spx =
                    1.176e09
        ---------------------------------------------
        s^3 + 387.5 s^2 + 1.339e07 s + 8.251e07
spf =
                -0.03333s-12.69
        -------------------------------------------
        s^3+387.5s^2+1.339e07s+8.251e07
```

显然这两个传递函数的分母是完全相同的，它验证了控制理论中所给出的"线性系统传递函数的分母取决于系统本身的结构参数，而与外部输入无关"的结论。

习 题 5

1. 将下列系统的传递函数模型用 MATLAB 语言表达出来。

(1) $G_1(s) = (s^4 + 35s^3 + 291s^2 + 1093s + 1700)/(s^5 + 289s^4 + 254s^3 + 2541s^2 + 4684s + 1700)$

(2) $G_2(s) = 15(s + 3)/(s + 1)(s + 5)(s + 15)$

(3) $G_3(s) = 100s(s + 2)^2(s\text{^}2 + 3s + 2)/(s + 1)(s - 1)(s^3 + 2s^2 + 5s + 2)$

2. 求第 1 题中各个系统模型的等效状态空间模型。

3. 将以下系统状态空间模型用 MATLAB 语言表达出来。

$$\dot{X} = \begin{pmatrix} 3 & 2 & 1 \\ 0 & 4 & 6 \\ 0 & -3 & -5 \end{pmatrix} X + \begin{pmatrix} 1 \\ 2 \\ 3 \end{pmatrix} u, \quad y = (1 \quad 2 \quad 5)X$$

4. 求第 3 题中的系统模型的等效传递函数模型和零极点模型。

5. 已知系统动力学方程如下，试用 MATLAB 语言写出它们的传递函数。

（1）$y^{(3)}(t) + 15\ddot{y}(t) + 50\dot{y}(t) + 500y(t) = \ddot{r}(t) + 2\dot{r}(t)$。

（2）$\ddot{y}(t) + 3\dot{y}(t) + 6y(t) + 4\int y(t)\mathrm{d}t = 4r(t)$。

6. 试用 MATLAB 语言表示图 5-15 所示系统。当分别以 $y = x_2$ 和 f 为系统输出、输入时的传递函数模型和状态空间模型（图中 $k = 7\mathrm{N/m}$，$c_1 = 0.5\mathrm{N/m \cdot s^{-1}}$，$c_2 = 0.2\mathrm{N/m \cdot s^{-1}}$，$m_1 = 3.5\mathrm{kg}$，$m_2 = 5.6\mathrm{kg}$）。

7. 试用 MATLAB 语言分别表示图 5-16 所示系统质量 m_1、m_2 的位移 x_1、x_2 对输入 f 的传递函数 $X_2(s)/F(s)$ 和 $X_1(s)/F(s)$，其中 $m_1 = 12\mathrm{kg}$，$m_2 = 38\mathrm{kg}$，$k = 1000\mathrm{N/m}$，$c = 0.1\mathrm{N/m \cdot s^{-1}}$。

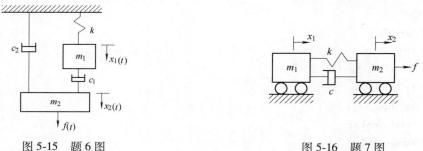

图 5-15　题 6 图　　　　　　　　　　图 5-16　题 7 图

8. 试建立图 5-11 所示磁悬浮系统的框图，求反馈控制信号 u 到浮球位移反馈信号 e 之间的开环传递函数，并用 MATLAB 语言表示（所需参数与该系统相同）。

9. 对图 5-14 所示系统，设输入 $x_v = 0.001\mathrm{m}$ 为阶跃信号，且阶跃干扰 $F_L = 5000\mathrm{N}$，其余参数与该系统相同，求此时系统输出的拉普拉斯变换式 $X_p(s)$。

第6章 ┃ 系统时间响应及其仿真

系统的时间响应是指系统在输入信号或初始状态作用下，系统输出随时间变化的情况。系统的时间响应反映了系统的特征和性能，如快速性、稳定性等。对系统时间响应的分析是设计、校正系统的基础。

利用 MATLAB 可以很方便地对系统的时间响应进行数字仿真。本章主要介绍数字仿真的基本方法（包括算法）及 MATLAB 的一些用于仿真的主要函数。而在 MATLAB 中还有更为简捷、高效的仿真工具，即图形用户分析界面——LTI Viewer 和 Simulink，这将在以后几章中进行介绍。

6.1 仿真算法

对系统的时间响应进行动态仿真，采用什么样的仿真算法是一个至关重要的问题。对连续时间系统进行数字动态仿真，主要有两种方法：

1）基于数值积分的仿真方法。

2）基于离散相似法的仿真方法。

由于后者涉及离散控制系统理论，所以本节重点介绍基于数值积分的连续系统仿真方法。

6.1.1 数值积分的基本原理

考察以下一阶微分方程

$$\begin{cases} \dfrac{dy}{dt} = f(t,\ y(t)) & a \leqslant t \leqslant b \\ y(t_0) = y_0 \end{cases} \tag{6-1}$$

将区间 $[a,\ b]$ 分成 N 个小区间，时间间隔 $h\left(h = \dfrac{b-a}{N}\right)$ 也称为积分步长，则在第 k 个间隔 $t = [t_k,\ t_{k+1}]$ 内积分

$$y_{k+1} = y_k + \int_k^{k+1} f(t,\ y)\,dt \tag{6-2}$$

可用 $y_k(k = 0,\ 1,\ \cdots,\ N)$ 作为解 $y(t)$ 的近似值，如图 6-1 所示。

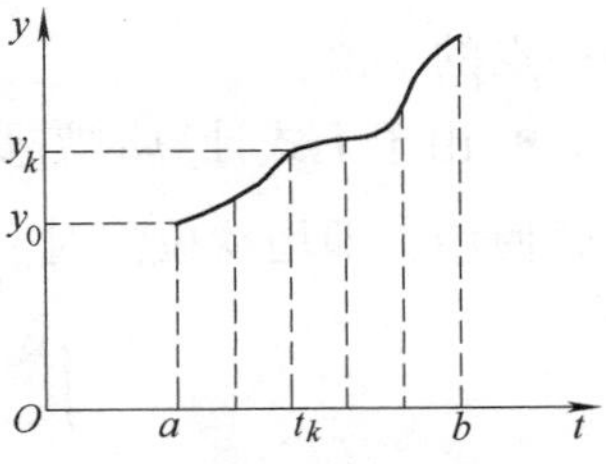

图 6-1 数值积分图解

为避免式(6-2)中的积分项将 y 在 t_k，以 h 为增量展开成泰勒级数：

$$y_{k+1} = y_k + y'h\Big|_k + \frac{1}{2!}y^{(2)}h^2\Big|_k + \frac{1}{3!}y^{(3)}h^3\Big|_k + \cdots \quad (k = 0,\ 1,\ 2,\ \cdots,\ N) \tag{6-3}$$

式(6-3)是一个递推公式。积分值与实际微分方程解的误差与步长 h 和计算所用的阶数有关，

它是数值积分的基础。

在介绍具体的数值积分算法之前，先介绍几个有关概念。

（1）单步法和多步法　单步法指计算 y_{k+1} 值只需利用 t_k 时刻的信息，也称为自启动算法；多步法在计算 y_{k+1} 值时，则需利用 t_k、t_{k-1}、……时刻的信息。

（2）显式法和隐式法　显式法在计算 y_{k+1} 时所需数据均已算出；隐式法在计算 y_{k+1} 时需用到 t_{k+1} 时刻的数据，该算法必须借助预估公式。

（3）定步长和变步长　定步长为积分步长在仿真运行过程中始终不变；变步长指在仿真运行过程中自动修改步长。

1. 欧拉法

在式（6-3）中取前两项：

$$y_{m+1} = y_m + y'h\mid_m \tag{6-4}$$

即可得欧拉算法

$$\begin{cases} y_1 = y_0 + y'h\Big|_{\substack{t_0 \\ y_0}} = y_0 + f(t_0,\ y_0)h \\ y_2 = y_1 + f(t_1,\ y_1)h \\ \quad\vdots \\ y_{m+1} = y_m + f(t_m,\ y_m)h \end{cases} \tag{6-5}$$

［说明］

● 欧拉法的局部截断误差 $R_n \propto O\ (h^2)$，即与 h^2 成正比。

● 欧拉法是用一条过各点的切线取代曲线来逼近精确解。该算法简单，计算量小，但精度较低，如图6-2所示。

2. 梯度法

梯度法是欧拉法的改进，如下式所示：

$$y_{m+1} = y_m + \frac{1}{2}h[f(t_m,\ y_m) + f(t_{m+1},\ y_{m+1})]$$

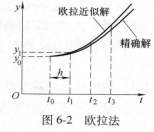

图6-2　欧拉法

［说明］

● 与欧拉法相比，梯度法是用两个点 $(t_m,\ y_m)$、$(t_{m+1},\ y_{m+1})$ 的斜率的平均值来确定下一点的 y 值。

● 由于上式计算时需要用到 y_{m+1} 的值，而 y_{m+1} 不能预先知道，所以梯度法需要和欧拉法结合使用，即用欧拉法对 y_{m+1} 进行预估产生 $\hat{y}_m(k+1)$，再由梯度法计算 y_{m+1}

$$\begin{cases} \hat{y}_{m+1} = y_m + f(t_m,\ y_m)h \\ y_{m+1} = y_m + \frac{1}{2}h[f(t_m,\ y_m) + f(t_{m+1},\ \hat{y}_{m+1})] \end{cases} \tag{6-6}$$

3. 龙格-库塔法

（1）龙格-库塔法（Runge-Kutta）的基本思想　欧拉法的精度较低，主要是其微分方程解 y 的泰勒展开式所取的项数太少。显然为了提高计算精度，应当取泰勒公式（6-3）更高阶项。

虽然增加高阶项可提高计算精度，但也同时带来了需要计算高阶导数的困难。龙格-库塔法的关键是利用低阶导数构成的曲线去拟合含有高阶导数的曲线，从而避免了计算高阶导数的问题。

（2）二阶龙格-库塔（RK）法　取式（6-3）的前 3 项，则有

$$
\begin{aligned}
y_{m+1} &= y_m + y'h\bigg|_m + \frac{1}{2}y^{(2)}h^2\bigg|_m \\
&= y_m + hf(t_m, y_m) + \frac{1}{2}\left(\frac{\partial f}{\partial t}\bigg|_m + f(t_m, y_m)\frac{\partial f}{\partial y}\bigg|_m\right)h^2
\end{aligned}
\tag{6-7}
$$

设原微分方程式（6-1）的解具有以下形式：

$$
\begin{cases}
K_1 = f(t_m, y_m) \\
K_2 = f(t_m + b_1 h, y_m + b_2 K_1 h) \\
y_{m+1} = y_m + h(a_1 K_1 + a_2 K_2)
\end{cases}
\tag{6-8}
$$

式中，a_1、a_2、b_1、b_2 为待定系数。

将式（6-8）中 K_2 按 h 展开成泰勒级数，并取前两项

$$
\begin{aligned}
K_2 &= f(t_m, y_m) + b_1 h\frac{\partial f}{\partial t}\bigg|_m + b_2 K_1 h\frac{\partial f}{\partial y}\bigg|_m \\
&= f(t_m, y_m) + h\left(b_1\frac{\partial f}{\partial t}\bigg|_m + b_2 K_1\frac{\partial f}{\partial y}\bigg|_m\right)
\end{aligned}
\tag{6-9}
$$

将 K_1、K_2 代入式（6-8）得

$$
\begin{aligned}
y_{m+1} &= y_m + a_1 hf(t_m, y_m) + a_2 h\left[f(t_m, y_m) + b_1 h\frac{\partial f}{\partial t}\bigg|_m + b_2 hf(t_m, y_m)\frac{\partial f}{\partial y}\bigg|_m\right] \\
&= y_m + (a_1 + a_2)hf(t_m, y_m) + a_2 h^2\left[b_1\frac{\partial f}{\partial t}\bigg|_m + b_2 f(t_m, y_m)\frac{\partial f}{\partial y}\bigg|_m\right]
\end{aligned}
$$

$$\tag{6-10}$$

比较式（6-10）和式（6-7），可得

$$
\begin{cases}
a_1 + a_2 = 1 \\
a_2 b_1 = 1/2 \\
a_2 b_2 = 1/2
\end{cases}
\tag{6-11}
$$

显然由式（6-11）并不能唯一确定 a_1、a_2、b_1、b_2，因为只有 3 个方程。因此对于同一种算法可能有不同的表现形式。

若设 $a_1 = a_2$，则

$$
\begin{cases}
a_1 = a_2 = 1/2 \\
b_1 = b_2 = 1
\end{cases}
$$

即二阶 RK 法公式为

$$\begin{cases} K_1 = f(t_m, \ y_m) \\ K_2 = f(t_m + h, \ y_m + K_1 h) \\ y_{m+1} = y_m + \dfrac{h}{2}(K_1 + K_2) \end{cases} \tag{6-12}$$

式(6-12)与式(6-6)实际上是相同的,即改进欧拉法是二阶 RK 法的一种表现形式。

[说明]

● 该算法只取到泰勒展开式的二阶导数项,所以称为二阶龙格-库塔法。但由式(6-8)和式(6-12)可知,算法并没有用 y 的二阶导数。

● 该算法的局部截断误差 $R_n \propto O(h^3)$,相对于欧拉法具有更高的精度。

(3) 龙格-库塔法的一般形式   显式 RK 法的一般形式为

$$\begin{cases} y_{m+1} = y_m + h \displaystyle\sum_{i=1}^{r} \omega_i K_i \\ K_i = f\!\left(t_m + a_i h, \ y_m + \displaystyle\sum_{j=1}^{i-1} b_{ij} K_j\right) \end{cases} \quad i = 1, \ 2, \ \cdots, \ r \tag{6-13}$$

式中,ω_i 为待定权系数;a_i、b_{ij} 为待定系数;r 为使用 K 的个数(即级数);K_i 为所取各点导数 f 的值。

(4) 四阶 RK 公式   四阶 RK 公式用到了 y 的泰勒展开式的四阶导数,在 RK 算法的一般公式(6-13)中,取 $r=4$ 可得

$$\begin{cases} y_{m+1} = y_m + \dfrac{h}{6}(K_1 + 2K_2 + 2K_3 + K_4) \\ K_1 = f(t_m, \ y_m) \\ K_2 = f\!\left(t_m + \dfrac{h}{2}, \ y_m + \dfrac{1}{2} h K_1\right) \\ K_3 = f\!\left(t_m + \dfrac{h}{2}, \ y_m + \dfrac{1}{2} h K_2\right) \\ K_4 = f(t_m + h, \ y_m + h K_3) \end{cases} \tag{6-14}$$

[说明]

● 四阶 RK 算法的局部截断误差为 $R_n \propto O(h^5)$。

● K_i 的个数与 y_{m+1} 泰勒展开式所取的项数有关(即 RK 算法的阶数),同时还与计算区间内所取导数值的点数有关。

● 式(6-14)由于在同级的 RK 算法中,计算精度较高,计算量较少,因而在系统仿真的数值积分中应用十分广泛。

(5) RK-45 变步长算法   式(6-14)也称为四阶四级 RK 算法,即在一个步长内对 f 的计算次数与阶数相等。德国学者 Felhberg 对传统的 RK 算法进行了改进,在每一个计算步长内对 f 函数求值的次数可超过阶次,以保证更高的精度和数值稳定性。将如下的五阶六级积分算法称为 Runge-Kutta-Felhberg 公式。

$$
\begin{cases}
y_{m+1} = y_m + h \sum_{i=1}^{6} c_i K_i \\
K_i = f\left(t_m + a_i h,\ y_m + \sum_{j=1}^{i-1} b_{ij} K_j \right)
\end{cases}
\qquad i = 1,\ 2,\ \cdots,\ 6 \qquad (6\text{-}15)
$$

为了在解决实际问题时能够实时改变步长 h, 可以将四阶六级算法的输出与五阶六级算法的输出进行比较, 由比较的结果

$$
\varepsilon_m = h \sum_{i=1}^{6} |\,(c_i - c_i^*) K_i\,| \qquad (6\text{-}16)
$$

来调整积分步长。式(6-16)中的 c_i^* 是四阶六级公式的系数。将这种算法简称为 RK-45 算法。表 6-1 为 RK-45 算法的系数表。

表 6-1　RK-45 算法的系数表

i	a_i	b_{ij}					c_i	c_i^*
		1	2	3	4	5		
1	0	0	0	0	0	0	16/315	25/216
2	1/4	1/4	0	0	0	0	0	0
3	3/8	3/32	9/32	0	0	0	6656/12825	1408/2565
4	12/13	1932/2197	−7200/2197	7296/2197	0	0	28561/56430	2197/4104
5	1	439/216	−8	3680/13	−845/4104	0	−9/40	−1/5
6	1/2	−8/27	2	−3544/2565	1859/4104	−11/40	2/55	0

4. Gear 法

Gear 法是一种适用刚性方程(Stiff 方程,也称为病态方程)的数值积分法。先简要介绍刚性方程的概念。

(1)刚性方程　描述系统动态特性的微分方程或差分方程,若存在数值相差很大的特征根, 则称其为刚性方程。

设线性微分方程形式如式(5-1), 其特征根为 $\lambda_i (i = 1, \cdots, n)$, 当

$$
Re[\lambda_i] = \alpha_i < 0 \quad (i = 1,\ 2,\ \cdots,\ n)
$$

$$
S = \frac{\max |Re[\lambda_i]|}{\min |Re[\lambda_i]|} \qquad (6\text{-}17)
$$

S 较大(一般在 50 以上), 即可认为该微分方程为刚性方程, 其所构成的一阶微分方程组为刚性方程组。

(2) Gear 算法　类似于四阶 RK 算法, 在 Gear 算法中需要构造的中间变量如下:

$$
\begin{cases}
K_1 = h f(t_m,\ y_m) \\
K_2 = h f\left(t_m + \dfrac{h}{2},\ y_m + \dfrac{K_1}{2} \right) \\
K_3 = h f\left[t_m + \dfrac{h}{2},\ y_m + \left(-\dfrac{1}{2} + \sqrt{\dfrac{1}{2}} \right) K_1 + \left(1 - \sqrt{\dfrac{1}{2}} \right) K_2 \right] \\
K_4 = h f\left[t_m + h,\ y_m - \sqrt{\dfrac{1}{2}} K_2 + \left(1 + \sqrt{\dfrac{1}{2}} \right) K_3 \right]
\end{cases}
\qquad (6\text{-}18)
$$

则 Gear 算法的数值解可由下式得出

$$y_{m+1} = y_m + \frac{1}{6}K_1 + \frac{1}{3}\left(1 - \sqrt{\frac{1}{2}}\right)K_2 + \frac{1}{3}\left(1 + \sqrt{\frac{1}{2}}\right)K_3 + \frac{1}{6}K_4 \tag{6-19}$$

6.1.2 数值积分方法的选择

在选择积分方法时应考虑以下几个问题。

1. 计算精度

数值积分方法所得到的离散数值解只是精确解的近似，其误差来自两个方面，即舍入误差和局部截断误差。

（1）舍入误差 由计算机字长有限而造成的计算时的舍入误差，它随计算次数的增加而增加。因此舍入误差与计算步长 h 成反比。

（2）局部截断误差 由积分方法和阶次的限制而引起的误差。这种误差与 h 成正比。

显然选择一个合适的积分步长可使总误差达到最小，如图 6-3 所示。

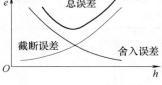

图 6-3 误差与积分步长

2. 积分步长的选择和控制

（1）积分步长的选择原则 在保证数值积分稳定性和精度的前提下，尽可能选择较大的积分步长，以减少仿真计算次数和仿真时间。

（2）固定步长与变步长 固定步长在整个仿真计算过程中，积分步长 h 始终不变，其算法简单，但很难保证步长最优。

变步长是在仿真计算过程中根据计算误差的大小来改变步长，其目的是在保证一定计算精度的前提下，尽可能选择较大步长。虽然调整步长需要花费一定的计算时间，但通过适当增加步长可减少迭代次数，因此整体上仍然提高了计算效率。

此外，h 还应与模型的信号响应情况有关，如在稳态时，可取较大的步长。

6.1.3 基于离散相似法的系统仿真方法

离散相似法是利用与连续系统等价的或相似的离散模型，进行连续系统仿真的方法。

1. 连续系统的离散化

设一个连续系统传递函数为 $G(s)$，如图 6-4a 所示。在其输入端加入一个虚拟采样开关，采样周期为 T，从而使输入 $u(t)$ 离散化为 $u(k)$。为了使输入信号不失真，在采样开关后面加一个采样保持器 $G_h(s)$，使离散信号 $u(k)$ 恢复为连续信号 $\tilde{u}(t)$，系统的输出为连续信号 $\tilde{y}(t)$，输出端加入一个虚拟采样开关，采样周期也为 T，将 $\tilde{y}(t)$ 离散为 $y(k)$。这时若以 $u(k)$ 为系统输入，$y(k)$ 为系统输出，则系统为时间离散系统，以下简称为离散系统，如图 6-4b 所示。由 Z 变换理论可知，离散系统传递函数为

$$G(z) = Z[G_h(s)G(s)] \tag{6-20}$$

则 $G(z)$ 为原连续系统 $G(s)$ 的离散化模型。

2. 离散化模型精度

离散化模型精度取决于采样周期 T 和信号保持器 $G_h(s)$。

（1）采样周期 显然采样周期越小离散模型精度越高。但在实际系统中采样周期受到软硬件诸方面的限制而不可能无限小，因此在工程实践中可按下面的经验公式选择采样周期。

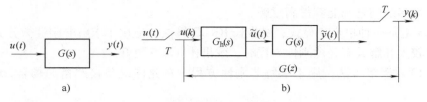

图 6-4　连续系统的离散化

a）连续系统传递函数　b）离散系统

$$T = \frac{1}{(30 \sim 50)\omega_c} \tag{6-21}$$

式中，ω_c 为系统开环幅值穿越频率。

（2）采样保持器　常用的采样保持器有零阶保持器、一阶保持器和二阶保持器。一般多使用零阶保持器，保持器的输出与输入的关系为

$$X_h(t) = X(kT), \quad kT \leqslant t \leqslant (k+1)T \tag{6-22}$$

其相应的传递函数为

$$G_h(s) = \frac{1 - e^{-Ts}}{s} \tag{6-23}$$

3. MATLAB 连续系统离散化函数

MATLAB 控制工具箱提供的连续系统离散化函数为 c2d( )，调用格式为

　　sysd = c2d（sysc，Ts，method）

［说明］　sysc 为连续系统 MATLAB 模型；Ts 为采样时间；method 为模型转换方法，对于零阶保持器为' zoh '；sysd 为等价的离散化模型。

6.2　系统仿真的 MATLAB 函数

6.2.1　数值积分方法的 MATLAB 函数

对于用数值方法求解常系数微分方程（Ordinary Differential Equation，ODE）或微分方程组，MATLAB 提供了 7 种解函数，其调用格式如下：

　　[T,Y] = ode45（' f ',tspan,y0,options）

　　[T,Y] = ode23（' f ',tspan,y0,options）

　　[T,Y] = ode113（' f ',tspan,y0,options）

　　[T,Y] = ode15s（' f ',tspan,y0,options）

　　[T,Y] = ode23s（' f ',tspan,y0,options）

　　[T,Y] = ode23t（' f ',tspan,y0,options）

　　[T,Y] = ode23tb（' f ',tspan,y0,options）

［说明］

● ' f '为常微分方程（组）或系统模型的文件名；tspan = [t0, tfinal] 即积分时间初值和终值；y0 是积分初值；T 为计算时间点的时间向量；Y 为相应的微分方程解数据向量或矩阵；options 为可默认的选择项，由 odeset 函数设定，见例 6-3。

● ode45 为一种单步、显式、变步长 RK-45 算法，也是最常用的，用于求解非刚性微分

方程。对于大多数问题都能获得满意解。

- ode23 也是一种单步、显式、变步长 RK-23 算法，适用于求解非刚性微分方程。在允许计算误差较大和解具有轻微刚性方程时，效果比 ode45 更好。
- ode113 属于多步法，用于求解非刚性方程。在允许误差较严格的场合，它比 ode45 更有效。
- ode15s 属于多步法，用于求解刚性方程。
- ode23s 属于单步法，在计算精度要求不高的场合，比 ode15s 更有效。
- ode23t 适用于求解中等刚性微分方程，并要求解无数值衰减的情况。
- ode23tb 为隐式 RK 法。其第一阶段采用梯度法，第二阶段采用二阶 BDF 公式。

【例 6-1】 已知某系统运动方程及初始条件为

$$\begin{cases} \dot{y}_1 = y_2 y_3 \\ \dot{y}_2 = - y_1 y_3 \\ \dot{y}_3 = - 2 y_1 y_2 \end{cases}$$

$y_1(0) = 0$, $y_2(0) = 0.5$, $y_3(0) = -0.5$

求时间区间 $t = [0, 20]$ 微分方程的解。

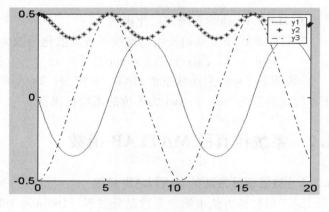

1）建立描述系统微分方程的 M 函数文件 rigit. m。

```
function dy = rigit(t,y)
dy = zeros(3,1);
dy(1) = y(2) * y(3);
dy(2) = -y(1) * y(3);
dy(3) = -2 * y(1) * y(2);
```

2）编写调用函数 rigit( ) 的 M 文件，并执行，如图 6-5 所示。

图 6-5 ode45 调用演示

```
[T,y] = ode45('rigit',[0,20],[0,0.5,-0.5]); %调用 ode45 产生离散点时间向量和解向量
plot(T,y(:,1),'r',T,y(:,2),'b*',T,y(:,3),'k-.')
legend('y1','y2','y3')
```

［说明］ 这种描述系统微分方程的函数与 ODE 函数配套使用，其格式是固定的。dy 为 3×1 数组，其维数等于微分方程的阶数。

ODE 函数只能用于求解一阶微分方程组，如例 6-1 所示。当求解高阶微分方程时，需要将其转换为一阶微分方程组，下面举例说明。

【例 6-2】 已知二阶微分方程：

$$\ddot{y} - (1 - y^2)\dot{y} + y = 0$$

$$y(0) = 0, \ \dot{y}(0) = 1$$

求时间区间 $t = [0, 20]$ 微分方程的解。

1）将微分方程表示为一阶微分方程组

$$\begin{cases} y_1 = y \\ \dot{y}_1 = y_2 \\ \dot{y}_2 = (1 - y_1{}^2) y_2 - y_1 \end{cases}$$

2）建立描述系统微分方程的 M 函数文件 vdp. m。

```
function dy = vdp(t,y)
dy = zeros(2,1);                    % 生成 2 行 1 列的零阵
dy(1) = y(2);                       % ẏ₁ = y₂
dy(2) = (1-y(1)^2) * y(2)-y(1)      % ẏ₂ = (1-y₁²)y₂-y₁
```

3）编写 MATLAB 主程序，并执行，如图 6-6 所示。

```
[T,Y] = ode45('vdp',[0 20],[0,1]);  %调用 ode45 产生离散点时间向量和解向量
plot(T,Y(:,1),'r-',T,Y(:,2),'b:')
legend('y1','y2')
```

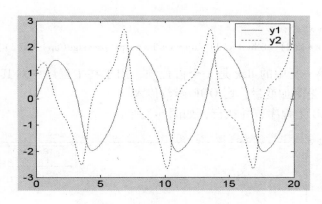

图 6-6 高阶微分方程调用 ode45

【例 6-3】　一伺服阀控制对称液压缸的电液位置伺服系统的动力学方程如下：

伺服阀流量方程为 $\qquad Q_l = k_v u_p \sqrt{p_s - \mathrm{sgn}(u_p) p_l}$

液压缸流量连续方程为 $\qquad Q_l = A_p \dot{x}_p + c_t p_l + b_v \dot{p}_l$

负载力平衡方程为 $\qquad A_p p_l = m \ddot{x}_p$

控制信号为 $\qquad u_p = 200(r - k_f x_p)$

其中，x_p 为负载位移输出；u_p 为伺服阀输入控制电压；p_s、p_l 分别为系统供油压力和负载压力；r 为指令信号；k_f 为位移传感器增益；sgn 为符号函数。式中的系数取值分别为 $k_v = 3.4 \times 10^{-8} \mathrm{m^4 N^{-1/2} V^{-1} s^{-1}}$，$A_p = 6 \times 10^{-3} \mathrm{m^2}$，$c_t = 7 \times 10^{-12} \mathrm{m^5 N^{-1} s^{-1}}$，$b_v = 7 \times 10^{-12} \mathrm{mN^{-1}}$，$m = 15 \mathrm{kg}$，$k_f = 10 \mathrm{V/m}$。求当 p_s 分别为 $2 \times 10^6 \mathrm{N/m^2}$、$5 \times 10^6 \mathrm{N/m^2}$ 时，系统对正弦信号 $r(t) = 2\sin(6\pi t)$ 的响应。

1）建立一阶微分方程组。设 $x_1 = x_p$，$x_2 = \dot{x}_p$，$x_3 = p_l$，则有

$$
\begin{cases}
\dot{x}_1 = x_2 \\[2mm]
\dot{x}_2 = \dfrac{A_p}{m} x_3 \\[3mm]
\dot{x}_3 = -\dfrac{A_p}{b_v} x_2 \dfrac{-c_t}{b_v} x_3 + \dfrac{k_v}{b_v}\sqrt{p_s - \mathrm{sgn}(u_p)x_3}\ u_p \\[3mm]
u_p = 200(r - 10x_p) \\[2mm]
r = 2\sin 6\pi t
\end{cases}
$$

$$
x_1(0) = 0,\quad x_2(0) = 0,\quad x_3(0) = 0
$$

2）建立描述系统微分方程的 m 函数文件 ehpscs. m。由于 p_s 需取不同值，为避免对每一个 p_s 都建立一个 m 函数文件，可采用带参数的 ODE 函数的调用。

```
function dx = ehpcs(t,x,flag,ps)
kv = 3. 4e-8;Ap = 0. 006;ct = 7e-12;bv = 7e-12;m = 25;
dx = zeros(3,1);
up = 200 * (2 * sin(6 * pi * t) - 10 * x(1));
dx(1) = x(2);
dx(2) = Ap/m * x(3);
dx(3) = -Ap/bv * x(2) - ct/bv * x(3) + up * kv/bv * sqrt(ps - sign(up) * x(3));
```

［说明］ 程序第一行中的 flag 是一个占位项，用于在主程序中对其进行调用时填入初值"tspan，y0"；ps 是附加变量，由 ODE 函数传入。

3）编写 MATLAB 主程序，并执行，如图 6-7 所示。

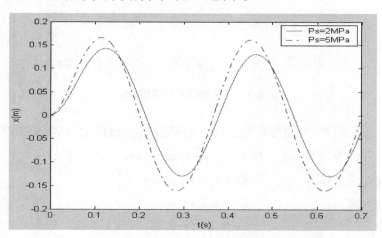

图 6-7　电液位置伺服系统在不同供油压力下的响应曲线

```
tspan = [0,0.7];x0 = [0,0,0];
ps = 2e6;[T1,X1] = ode45('ehpcs',tspan,x0,odeset,ps);   % 产生不同供油压力下的阶跃响应数据
ps = 5e6;[T2,X2] = ode45('ehpcs',tspan,x0,odeset,ps);
plot(T1,X1(:,1),'r', T2,X2(:,1),'b-.')                  % 不同供油压力下系统位移输出比较
```

```
legend('Ps＝2MPa','Ps＝5MPa')
xlabel('t(s)'),ylabel('x(m)')
```

　　由图 6-7 可知，增加供油压力可提高系统的响应速度和控制精度。此外，调用 ode45 不仅可求出系统的输出位移，同时还可求出活塞的运动速度和负载压力。例如，执行以下指令，即可绘出系统在 2MPa 供油压力下，其负载速度与负载压力曲线，如图 6-8 所示。

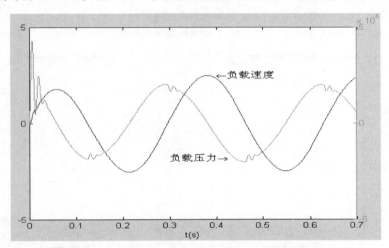

图 6-8　电液位置伺服系统在 2MPa 供油压力下的负载速度与负载压力曲线

```
plotyy(T1,X1(:,2),T1,X1(:,3))
text(0.4,2.5,'\leftarrow 负载速度')
text(0.3,-1.8,'负载压力 \rightarrow ')
xlabel('t(s)')
```

　　由图 6-8 可看出，当负载速度过零时，负载压力会发生抖动，这是由于伺服阀在此时发生切换（伺服阀的阀芯过零位）的缘故。

6.2.2　时间响应仿真的 MATLAB 函数

　　对于 LTI 系统，MATLAB 直接提供了在各种输入作用下的时间响应函数，用于系统动态仿真。

　　1. 阶跃响应仿真函数

　　（1）基本调用格式

```
step (sys)
step (sys, Tfinal)
step (sys, T)
```

［说明］

　　● step()用于绘制 LTI 系统的单位阶跃响应曲线。该指令既可用于连续时间系统，也可用于离散时间系统；既适用于 SISO 系统，也适用于 MIMO（多输入多输出）系统。

　　● sys 为系统模型（传递函数模型、零极点模型、状态空间模型等）；Tfinal 为仿真终止时间，若省略则由系统默认；T 为用户指定的仿真时间向量，对于离散时间系统 T＝［T0：

Ts:Tfinal]，Ts 为采样周期，对于连续时间系统 T = [T0：dt：Tfinal]，dt 为连续系统离散化的采样周期，T0 为仿真开始时间。

【例 6-4】 已知系统模型 $G(s) = \dfrac{s-1}{s^2+s+5}$，求其单位阶跃响应，如图 6-9 所示。

```
sys=tf([1,-1],[1,1,5]);          % 建立系统模型
subplot(1,2,1),step(sys,20)      % 指定阶跃响应时间
subplot(1,2,2),step(sys)         % 不指定阶跃响应时间
```

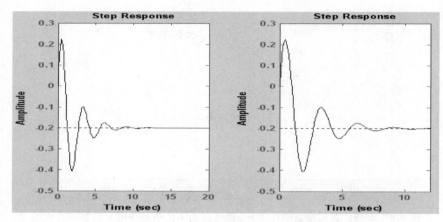

图 6-9　例 6-4 的单位阶跃响应曲线

由图 6-9 可知，step( )指令可以自动确定合适的仿真时间。

（2）多系统阶跃响应调用格式

step（sys1，sys2，…）

［说明］

- 该指令用于在同一幅图中绘制多个系统的单位阶跃响应曲线。
- 这种调用格式，还可定义每个系统响应曲线的颜色、线型和标志，例如

step（sys1，'r'，sys2，'y--'，sys3，'gx'）

【例 6-5】 绘制以下分别用状态空间模型和传递函数模型描述的两个系统的单位阶跃响应曲线，如图 6-10 所示。

系统 1

$$\begin{pmatrix} \dot{x}_1 \\ \dot{x}_2 \end{pmatrix} = \begin{pmatrix} -0.5572 & -0.7814 \\ 0.7814 & 0 \end{pmatrix} \begin{pmatrix} x_1 \\ x_2 \end{pmatrix} + \begin{pmatrix} 1 \\ 0 \end{pmatrix} u$$

$$y = \begin{bmatrix} 1.6287 & 3.5609 \end{bmatrix} \begin{pmatrix} x_1 \\ x_2 \end{pmatrix}$$

系统 2　　　　　　$G(s) = \dfrac{3000}{s^4+40s^3+440s^2+300s+584}$

```
A=[-0.5572 -0.7814;0.7814 0];
B=[1 0]';C=[1.6287 3.5609];D=0;
sys1=ss(A,B,C,D);                 % 生成系统1(状态空间模型)
```

num = [3000]; den = [1 40 440 300 584];
sys2 = tf(num, den);　　　　　　　　　　% 生成系统 2(传递函数模型)
step(sys1, ' r ', sys2, ' b-. ')
legend('状态空间模型', '传递函数模型')%绘制多系统单位阶跃响应曲线

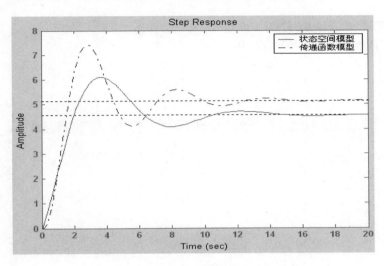

图 6-10　多系统单位阶跃响应

（3）返回仿真输出的调用格式

　　　[Y, T] = step (sys)

[说明]　Y 为输出响应，T 为仿真时间向量。这种调用格式不能绘制仿真曲线图。

2. 脉冲响应仿真函数

　　impulse(sys)
　　impulse(sys, Tfinal)
　　impulse(sys, T)
　　impulse(sys1, sys2, …, T)
　　[Y, T] = impulse(sys)

[说明]　impulse( )指令用来计算 LTI 系统的单位脉冲响应，调用格式与 step( )函数相同。

3. 初始状态响应仿真函数

　　initial(sys, X0)　　　　　　　% 基本调用格式
　　initial(sys, X0, Tfinal)　　　　% 限制仿真时间终值的调用格式
　　initial(sys, X0, T)　　　　　　% 指定仿真时间向量的调用格式
　　initial(sys1, sys2, …, X0, T)　% 多系统仿真
　　[Y, T, X] = initial(sys, X0)　　% 返回数据向量，不绘制曲线

[说明]

● initial( )指令用于计算零输入条件下，由初始状态 X0 所引起的响应，只能用于状态空间模型。

- initial( )指令的调用与 step( )指令类似。其带有返回输出格式的指令中，除了返回输出响应 Y 和时间向量 T 外，还返回系统的状态向量的响应 X。

【例 6-6】 对例 6-5 中的系统 1，绘制初始状态 X0 = [1 2]$^\mathrm{T}$ 作用下的时间响应曲线，如图 6-11 所示。

```
A = [ -0.5572 -0.7814;0.7814 0 ];
B = [ 1 0 ]';C = [ 1.6287 3.5609 ];D = 0;
sys1 = ss( A,B,C,D);
X0 = [ 1 2 ]';
initial( sys1,X0)
```

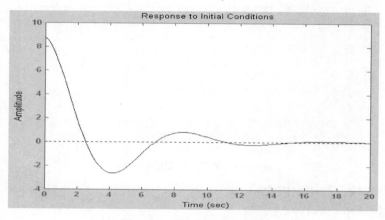

图 6-11 系统的零输入响应

4. 信号发生器和任意输入响应函数

MATLAB 也可计算 LTI 系统在任意输入作用下的时间响应。

（1）信号发生器函数 gensig( ) gensig( )可为系统时间响应产生周期输入信号，其调用格式为

```
[ U,T ] = gensig( Type, Tau)
[ U,T ] = gensig( Type, Tau, Tf, Ts)
```

[说明]

- Type 为信号类型：' sin '—正弦波；' square '—方波；' pulse '—周期脉冲波。
- Tau 为信号周期；U 为信号值向量；T 为与 U 对应的时间向量；Tf 为信号的时间区间；Ts 为采样周期。

（2）任意输入响应函数 lism( ) lism( )用来仿真系统对任意输入的时间响应，并绘制响应曲线，其调用格式为

```
lsim( sys, U, T)                    % 基本调用格式
lsim( sys1, sys2,…, U, T)          % 绘制多个系统对同一个任意输入响应曲线
[ Ys,Ts ] = lsim( sys, U, T)       % 该格式不绘制响应曲线
[ Ys,Ts,Xs ] = lsim( sys,U,T,X0)   % 该格式不绘制响应曲线适用于状态空间模型
```

[说明] sys 为系统模型；U 为输入信号向量；T 为和输入对应的时间向量；X0 为系统

初始状态；Ys 为响应值向量；Ts 为与 Ys 相对应的时间向量，Xs 为与 Ts 对应的状态向量。

【例 6-7】 已知系统模型 $G(s) = \dfrac{3s + 100}{s^3 + 10s^2 + 40s + 100}$，计算系统在周期为 5s 的方波信号作用下的响应，如图 6-12 所示。

```
sys = tf([3,100],[1,10,40,100]);
[u,t] = gensig('square',5,10);        % 产生方波信号数据
lsim(sys,'r',u,t)                      % 产生方波响应并绘制曲线
hold on
plot(t,u,'-.')                         % 在同一坐标系中绘制方波波形
hold off
text(1.3,0.8,'输入\rightarrow')
text(5.4,0.8,'\leftarrow输出')
```

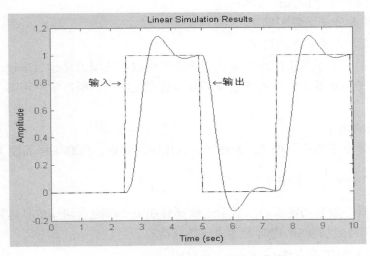

图 6-12　系统对方波输入的响应曲线

6.3　采样控制系统仿真

6.3.1　采样控制系统的基本组成

采样控制系统是指系统一处或几处信号是经采样后离散的，而被控制对象是连续的。典型的采样控制是一种连续-离散混合系统，目前多为计算机控制系统，如图 6-13 所示。

图 6-13 中 A/D 转换器为采样开关，将连续模拟量转变为离

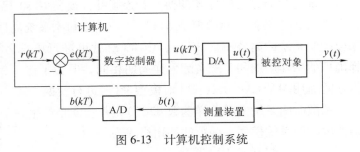

图 6-13　计算机控制系统

散的数字量；D/A 转换器将离散的数字量转变为模拟量，同时它也相当于一个零阶保持器。

6.3.2　采样控制系统仿真特点

采样控制系统包含连续部分和离散部分。

1）对于连续部分的仿真可采用数值积分法或离散相似法，见 6.1 节。若采用数值积分法则需要确定积分步长以及合适的算法，见 6.2 节；若采用离散相似法则需要确定虚拟的采样周期，先将连续系统离散化。

2）对于离散部分，A/D 转换器和 D/A 转换器是实际存在的，采样周期和保持器类型也均是存在的。

因此，在采样控制系统的仿真中，仿真步距（对数值积分法）或虚拟采样周期（对离散相似法）与系统实际采样周期之间存在同步问题。

1. 仿真步长和采样周期

仿真步长的选择有下面两种情况：

1）仿真步长 h 等于采样周期 T。

2）仿真步长 h 小于采样周期 T。

第一种方法适用于系统连续部分参数变化较缓慢或系统幅值穿越频率较小的系统。对于大多数机电采样控制系统，由于系统连续部分参数变化较快，所以常采用第二种方法，以保证仿真精度。

2. 仿真步长的确定

若仿真步长 h 小于采样周期 T，为便于仿真程序的实现，应取采样周期 T 恰好是仿真步长 h 的整数倍，即 $h = \dfrac{T}{N}$，其中 N 为正整数。

采样系统仿真一般采用定步距。对于连续部分在每个步距点均作仿真运算，而对于离散部分（数字控制器）只有在采样时刻才执行仿真运算。

6.3.3　采样控制系统仿真方法

1. 基于数值积分法

对系统连续部分仿真采用数值积分方法，这种方法需要选择连续部分仿真步长、仿真数值积分方法等。一般采用定步距，且仿真步长一般小于离散部分采样周期。离散部分仿真是基于递推法，十分简单。

2. 基于离散相似法

系统连续部分先进行 Z 变换。若连续部分模型 $G(s)$ 已知，则可借助 MATLAB 函数 c2d()将连续模型转换为离散模型 $G(z)$，将 $G(z)$ 和原系统离散部分模型 $D(z)$ 合并后，可求得采样控制系统的离散模型 $W(z)$，由 $W(z)$ 就可进行仿真运算。当连续部分离散化时，可选择虚拟的采样周期和系统实际采样周期相同，但为了保证精度，也可采用不同的采样周期，但这时需用 MATLAB 函数 d2d 对模型 $W(z)$ 进行变换。

离散时间系统重新采样函数 d2d()，其功能是产生一个和原离散时间系统采样周期不同的离散时间系统模型。函数的调用格式为

sys = d2d(model, Ts)

［说明］　model 为原离散时间系统模型；sys 为重新采样后离散时间系统模型；Ts 为新的采样周期。

在进行采样控制系统或计算机控制系统的控制器设计时，通常需要先将连续系统离散化，再针对离散系统进行数字控制器的设计，具体步骤如下。

（1）系统连续部分离散化　在图 6-13 中，设系统连续部分（含测量装置）传递函数为 $G_0(s)$，D/A 转换器用零阶保持器代替，则系统连续部分的传递函数为

$$G_0(s) = G_h(s)G(s) = \frac{1 - e^{-sT}}{s}G(s)$$

MATLAB 提供的连续系统离散化指令为

$$sysd = c2d\,(sysc,\ Ts,\ method)$$

［说明］　sysc 为连续系统 MATLAB 模型（在上式中即为 $G(s)$）；Ts 为采样时间；method 为模型转换方法，对于零阶保持器为'zoh'；sysd 为等价的离散化模型（$G_0(z)$）。

（2）求系统脉冲传递函数　设图 6-13 中的数字控制器用 $D(z)$ 表示，则连续系统离散化后的系统即为离散控制系统，如图 6-14 所示（图中离散信号省略了采样周期 T）。

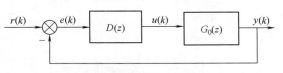

图 6-14　离散控制系统

图 6-14 所示的系统的闭环传递函数被称为脉冲传递函数，可利用框图运算的规则求出

$$W(z) = \frac{D(z)G_0(z)}{1 + D(z)G_0(z)}$$

［说明］　严格地说，离散信号、采样信号、数字信号是有区别的。在工程实践中只有当 A/D 转换器的分辨率足够高，以至于量化和编码所带来的信息损失可以忽略时，这几种信号才近似相等。

（3）调用 MATLAB 指令进行系统仿真

```
dstep(num, den)        % 离散系统单位阶跃响应
dimpulse(num, den)     % 离散系统单位脉冲响应
dlsim(num, den)        % 离散系统任意函数的激励响应
```

［说明］
- 以上指令中必须代入分子、分母系数向量。
- step()、impulse()、lsim()也可用于求离散系统的时间响应，参见 6.2 节。

【例 6-8】　求图 6-15 所示的采样控制系统的单位阶跃响应，如图 6-16 所示。

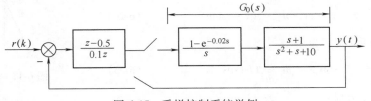

图 6-15　采样控制系统举例

```
G1 = tf([1 1],[1 1 10]);                    % 建立连续系统模型
G0 = c2d(G1,0.02,'zoh');                    % 连续模型离散化
Gc = tf([1 -0.5],[0.1 0],0.02);            % 建立数字控制器模型
Wz = G0 * Gc/(1+G0 * Gc);                    % 求系统脉冲传递函数
[num,den] = tfdata(Wz,'v');                 %求系统传递函数的分子、分母系数向量
Subplot(2,1,1),dstep(num,den)               % 用 dstep 求系统单位阶跃响应
xlabel('time(samples)')
text(80,0.65,'dstep( )')
Subplot(2,1,2), step(Wz)
xlabel('time(samples)')
text(1.6,0.65,'step( )')
```

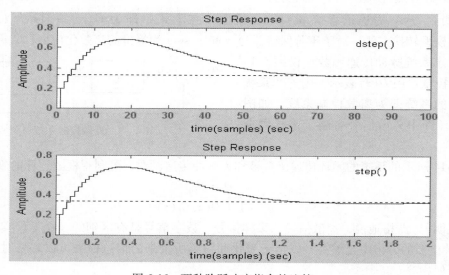

图 6-16　两种阶跃响应指令的比较

[说明]　dstep( )指令给出的横坐标是控制周期数，而 step( )指令给出的是响应时间。

习　题　6

1. 图 6-17 为一悬吊式起重机简图。设 m_t、m_p、I、c、l、F、x、θ 分别为起重机的小车质量、吊重、吊重惯量、等价黏性摩擦系数、钢丝绳长（不计绳重）、小车驱动力、小车位移以及钢丝绳的摆角。由受力分析可得以下力（力矩）平衡方程：

小车水平方向受力方程为

$$m_t\ddot{x} = F - c\dot{x} - m_p\frac{\mathrm{d}^2}{\mathrm{d}t^2}(x - l\sin\theta) \qquad (6\text{-}24)$$

吊绳垂直方向受力方程为

$$P - m_p g = m_p\frac{\mathrm{d}^2}{\mathrm{d}t^2}(l\cos\theta) \qquad (6\text{-}25)$$

小车的力矩平衡方程为

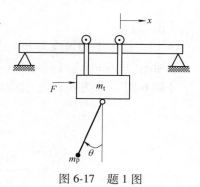

图 6-17　题 1 图

$$m_{\mathrm{p}} l \frac{\mathrm{d}^2}{\mathrm{d}t^2}(x - l\sin\theta)\cos\theta - Pl\sin\theta = I\ddot{\theta} \tag{6-26}$$

由式(6-25)、式(6-26)消去 P(吊重与小车相互作用力在垂直方向上的分量),可得

$$(I + m_{\mathrm{p}}l^2)\ddot{\theta} + m_{\mathrm{p}}gl\sin\theta = m_{\mathrm{p}}l\ddot{x}\cos\theta \tag{6-27}$$

式(6-24)、式(6-27)即为该起重机系统的动力学方程。将其在 $\theta = 0$ 处进行线性化,可得系统的线性化方程为

$$\begin{cases} (m_{\mathrm{p}} + m_{\mathrm{t}})\ddot{x} + c\dot{x} - m_{\mathrm{p}}l\ddot{\theta} = F \\ (I + m_{\mathrm{p}}l^2)\ddot{\theta} + m_{\mathrm{p}}gl\theta = m_{\mathrm{p}}l\ddot{x} \end{cases} \tag{6-28}$$

若已知 $m_{\mathrm{t}} = 50\mathrm{kg}$,$m_{\mathrm{p}} = 270\mathrm{kg}$,$l = 4\mathrm{m}$,$c = 20\mathrm{N/m \cdot s^{-1}}$,试绘制系统在初始状态 $x(0) = 0$,$\theta(0) = 0.01\mathrm{rad/s}$ 作用下 x、θ 的变化过程曲线(提示:设 $x_1 = x$,$x_2 = \dot{x}_1$,$x_3 = \theta$,$x_4 = \dot{x}_3$,并设法将式(6-28)中写成 $\ddot{x} = f_1(x, \dot{x}, \theta, \dot{\theta})$,$\ddot{\theta} = f_2(x, \dot{x}, \theta, \dot{\theta})$)。

2. 将例 6-2 中的微分方程改写为以下形式:

$$\ddot{y} - \mu(1 - y^2)\dot{y} + y = 0$$
$$y(0) = 0, \quad \dot{y}(0) = 1$$

求 μ 分别为 1、2 时,在时间区间 $t = [0, 20]$ 微分方程的解(提示:使用带附加变量的 ode 算法)。

3. 对图 6-18 所示反馈系统进行单位阶跃响应和方波响应(方波周期为 30s)仿真。要求:

(1) 利用 MATLAB 模型连接函数求出系统闭环传递函数。

(2) 利用 step 函数求单位阶跃响应。

(3) 利用 gensig 函数产生方波信号,利用 lsim 函数求方波响应。

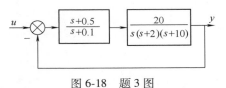

图 6-18　题 3 图

4. 已知系统传递函数 $G(s) = \dfrac{1}{s^2 + 0.2s + 1.01}$,要求:

(1) 绘制系统阶跃响应曲线。

(2) 绘出离散化系统阶跃响应曲线,采样周期 $T_s = 0.3\mathrm{s}$。

5. 一个离散时间系统模型传递函数为 $H(z) = \dfrac{z - 0.7}{z - 0.5}$,采样周期为 0.1s,对其重新采样,采样周期为 0.05s,求重新采样后的系统模型。

6. 在第 5 章习题第 9 题中所求得的液压动力元件的输出位移为

$$\mathrm{Xp} = \mathrm{minreal(spx * tf(0.001, [1, 0]) + spf * tf(5000, [1, 0]))}$$

在指令窗口输入

Xp1 = Xp * tf([1, 0], 1);　　% Xp(s) * s 以去掉 Xp(s)中的积分环节

step(Xp1), grid

可求得系统在阶跃输入(幅值为 1mm)和常值干扰(5000N)下的时间响应曲线如图 6-19 所示。

但对图 5-14 的系统也可通过分别求出 X_{p} 对 x_{v} 和 X_{p} 对 F_{L} 的输出,然后对两者求和,得到系统的完整时间响应。试利用

$$[\mathrm{Ys}, \mathrm{Ts}] = \mathrm{lsim}(\mathrm{sys}, \mathrm{U}, \mathrm{T})$$

和线性系统的叠加原理,绘制在同样指令输入和干扰输入作用下的系统输出位移的时间响应曲线(提示:设 T = 0:0.01:1.8;r = length(T);U1 = 0.001 * ones(1, r);U2 = 5000 * ones(1, r))。

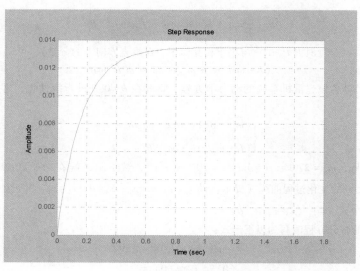

图 6-19 题 6 图

第7章 系统频率响应及其仿真

频率响应分析方法的基本思想是把控制系统中的各个变量看成是由许多不同频率的正弦信号叠加而成的信号；各个变量的运动就是系统对各个不同频率的信号的响应的总和。

这种源于通信科学的分析方法，于20世纪30年代引进到控制工程后，立即得到广泛应用。这主要是由于频率响应法具有鲜明的物理意义，能够大大简化复杂机构的动力学分析和设计，更能够启发人们区分影响系统的主要因素和次要因素；其次还可以通过实验方法比较准确地求出系统的数学模型并可减少手工计算量。古典控制理论实际上就是以频率响应法分析可用常系数线性微分方程描述的SISO系统。由于许多工业过程都可以近似抽象成线性定常系统，所以频率响应法在控制工程中仍然是一种重要的方法。

7.1 频率特性的一般概念

7.1.1 频率响应与频率特性

频率响应是指系统对谐波输入的稳态响应。

对于线性系统，当输入为

$$x_i(t) = X_i \sin\omega t \tag{7-1}$$

其稳态输出应为同频率的正弦信号：

$$x_o(t) = X_o(\omega)\sin[\omega t + \varphi(\omega)] \tag{7-2}$$

频率特性是指系统在正弦信号作用下，稳态输出与输入之比对频率的关系特性，可表示为

$$G(j\omega) = \frac{X_o(j\omega)}{X_i(j\omega)} = G(s)\,|_{s=j\omega} \tag{7-3}$$

即系统的频率特性相当于系统传递函数的自变量 s 只沿复平面的虚轴变化，因此，也将 $G(j\omega)$ 称为谐波传递函数。

频率特性还可表示为

$$G(j\omega) = A(\omega)e^{j\varphi(\omega)} \tag{7-4}$$

$$G(j\omega) = U(\omega) + jV(\omega) \tag{7-5}$$

因此，频率特性还可再分为

$$\begin{cases} \text{实频特性} \quad U(\omega) \\ \text{虚频特性} \quad V(\omega) \end{cases}$$

$$\begin{cases} \text{幅频特性} \quad A(\omega) = \dfrac{X_o(\omega)}{X_i(\omega)} = |G(j\omega)| \\ \text{相频特性} \quad \varphi(\omega) = \varphi_o(\omega) - \varphi_i(\omega) \end{cases}$$

一般有 $\varphi_i(\omega) = 0$，$\varphi(\omega) = \varphi_o(\omega)$。若已知 $G(j\omega)$ 可直接用 abs( ) 和 angle( ) 指令求系统的幅频和相频特性（见 2.3.1 节中的表 2-4）。

7.1.2 Nyquist 图与 Bode 图

1. Nyquist 图

频率特性 $G(j\omega)$ 是频率 ω 的复变函数，可以在复平面上用一个矢量来表示。该矢量的幅值为 $|G(j\omega)|$，相角为 $\angle G(j\omega)$。当 ω 从 0→∞ 变化时，$G(j\omega)$ 的矢端轨迹被称为频率特性的极坐标图或 Nyquist 图。

如果不考虑频率特性的物理意义，仅将它看作 ω 的一个函数，还可绘制出当 ω 为负数时的频率函数的图像。由于 $G(j\omega)$ 和 $G(-j\omega)$ 是互为共轭的一对复数，所以它们在复平面上的位置是关于实轴对称的。当 ω 从 -∞→∞ 变化时，$G(j\omega)$ 的矢端轨迹是封闭的，利用封闭的 Nyquist 轨迹可进行系统稳定性的分析，即 Nyquist 稳定判据。

Nyquist 图不便于分析频率特性中某个环节对频率特性的影响。

2. Bode 图

如果把频率特性函数 $G(j\omega)$ 的角频率 ω 和幅频特性 $|G(j\omega)|$ 都取对数，则称为对数幅频特性和对数相频特性，其中：

$$\begin{cases} \text{对数幅频特性} \quad L(G(j\omega)) = 20\lg|G(j\omega)| \text{（单位分贝，dB）} \\ \text{对数相频特性} \quad \varphi(G(j\omega)) = \arg G(j\omega) \text{（单位为度，deg）} \end{cases}$$

其频率轴采用对数分度 $\lg\omega$。以 $\lg\omega$ 为横坐标，$L(G(j\omega))$ 和 $\varphi(G(j\omega))$ 为纵坐标绘制的曲线分别称为对数幅频特性图和对数相频特性图，统称为系统的 Bode 图。

与其他采用直角坐标的频率特性绘图方法相比，由于 Bode 图可以以适当的比例清晰地展现系统在低、中、高频各段的频率特性，并且非常便于手工绘制，同时可以用叠加的方式绘制高阶系统的 Bode 图，所以成为工程实践中进行系统频率特性分析的重要工具。

Nyquist 稳定判据引申到对数频率特性中即成为对数判据，因而也可以用 Bode 图分析系统的稳定性。

7.1.3 稳定裕度

利用系统开环频率特性（$G(j\omega)H(j\omega)$）的稳定裕度，可以分析闭环系统的相对稳定性。稳定裕度又分为幅值裕度和相位裕度。在 Bode 图上表示为

幅值裕度（dB） $k_g = 20\lg\left(\dfrac{1}{|G(j\omega_g)H(j\omega_g)|}\right)$

相位裕度 $\gamma = 180° + \varphi(\omega_c)$

［说明］

- ω_g 为相位穿越频率，即开环相频特性曲线穿越 -180° 线时的频率。
- ω_c 为幅值穿越频率，即开环幅频特性曲线穿越 0dB 线时的频率。
- 在工程上通常要求 $k_g > 6dB$，$\gamma = 30° \sim 60°$。
- 对于开环稳定的系统，$\omega_c < \omega_g$ 系统稳定，此时必然有 $k_g(dB) > 0dB$，$\gamma > 0°$；$\omega_c = \omega_g$ 系统临界稳定；$\omega_c > \omega_g$ 系统不稳定。

7.2　连续系统频率特性的 MATLAB 函数

7.2.1　频率响应的计算

本节所述的频率响应主要指系统在谐波信号作用下的稳态响应与谐波信号频率之间的关系，即系统的频率特性。

1. 连续系统频率响应的计算

设已知连续系统的传递函数为

$$G(s) = \frac{b_m s^m + b_{m-1} s^{m-1} + \cdots + b_0}{a_n s^n + a_{n-1} s^{n-1} + \cdots + a_0} \tag{7-6}$$

则系统的频率响应可由

$$G(j\omega) = \frac{b_m(j\omega)^m + b_{m-1}(j\omega)^{m-1} + \cdots + b_0}{a_n(j\omega)^n + a_{n-1}(j\omega)^{n-1} + \cdots + a_0} \tag{7-7}$$

直接求出。

2. 频率响应函数的计算

（1）polyval（）　因为 $G(j\omega)$ 的分子、分母均为有理多项式，所以可用多项式计算指令 polyval（）计算系统的频率响应，其调用格式为

$$Y = polyval(P, X)$$

［说明］

● P 是多项式系数向量（降幂排列）；X 是自变量（应设为 $j\omega$）；Y 是返回的计算结果（复数数组）。

● 对 Y 利用 abs（）、angle（）即可求出系统的幅频特性和相频特性。

【例 7-1】　绘制系统 $G(s) = \dfrac{11(s+1)}{s(s^2+15s+4)}$ 的幅频特性曲线和相频特性曲线，如图 7-1 所示。

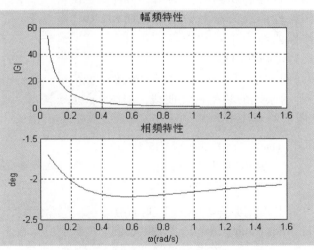

图 7-1　利用 polyval 函数计算系统频率响应

```
num = [11 11];den = [1 15 4 0];
w = 0.05:0.01:0.5 * pi;                  % 产生频率向量
Gw = polyval(num,j * w)./polyval(den,j * w);  % 计算频率特性
mag = abs(Gw);                           % 计算幅频特性
theta = angle(Gw);                       % 计算相频特性
subplot(2,1,1),plot(w,mag)
grid ,title('幅频特性')
ylabel('|G|')
subplot(2,1,2),plot(w,theta)
```

```
grid ,title('相频特性')
xlabel(\'omega(rad/s)'),ylabel('deg')
```

（2）freqs（）　　若已知系统传递函数，还可用 freqs（）求系统的频率响应。其有以下几种调用格式：

```
h=freqs(b, a, w)        % 指定正实角频率向量,返回响应值
[h,w]=freqs(b, a)       % 自动确定 200 个频率点,返回响应值和对应的角频率向量
[h,w]=freqs(b, a, f)    % 指定频率(Hz)向量,返回响应值和对应的角频率向量
freqs(b, a, w)          % 绘制对指定正实角频率向量的幅频和相频特性曲线
```

［说明］

● b、a 均为系统传递函数的分子、分母的系数向量。

● 在返回指令值的指令中，需调用 abs（）和 angle（）求取幅频特性和相频特性。

● 第四种调用可直接绘制系统的幅频特性和相频特性曲线，其中幅频特性曲线为全对数坐标，而相频特性曲线为半对数坐标，并且可以不指定频率向量。

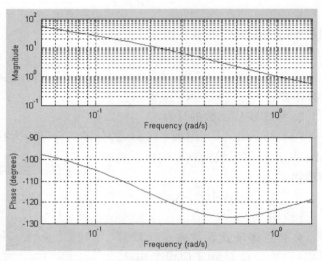

图 7-2　用 freqs 函数计算系统频率响应

【例 7-2】　用 freqs（）指令重绘例 7-1 所示系统的频率特性曲线，如图 7-2 所示。

```
num=[ 11 11];den=[ 1 15 4 0];
w=0. 05:0. 01:0. 5 * pi;        % 产生频率向量
freqs( num,den,w)
```

若不指定频率向量 w，则直接执行 freqs（num，den），结果如图 7-3 所示。显然，该指令能够自动确定系统频率响应合适的频率范围。

（3）freqresp（）　　MATLAB 提供了用于计算 LTI 系统的频率响应的函数 freqresp（），它既适用于连续系统，又适用于离散系统。其调用格式为

h=freqresp（sys，w）

［说明］

● sys 为系统模型；w 为指定的正实频率向量（rad/s）；h 是系统的

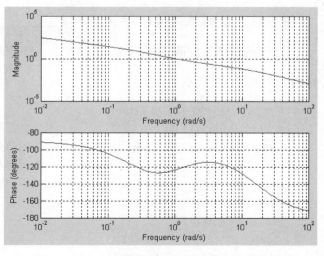

图 7-3　用 freqs 函数计算系统频率响应及频率范围

频率响应，为 3 维数组。对 SISO 系统，h 的前两列均为 1，第三列为与 w 对应的响应值，如 h(1, 1, 6) 表示 w(6) 所对应的响应值（复数）。

- 仍需要借助 abs( ) 和 angle( ) 才能分别计算系统的幅频特性和相频特性。

7.2.2　频率特性图示法

1. Nyquist 图的绘制

MATLAB 用于绘制 Nyquist 图的函数为 nyquist( )，调用格式为

```
nyquist(sys)                    % 基本调用格式绘制 sys 的 Nyquist 图
nyquist(sys,w)                  %指定频率范围 w,绘制 sys 的 Nyquist 图
nyquist(sys1,sys2,…,sysn)       % 在同一坐标系内绘制多个模型的 Nyquist 图
nyquist(sys1,sys2,…,sysn,w)     % 在同一坐标系内绘制多个模型对指定频率范围的 Nyquist 图
[Re,Im,w]=nyquist(sys)          % 返回 sys 频率响应的实部和虚部以及对应的 w,不绘图
```

[说明]

- MATLAB 中频率范围 w 除可直接用冒号生成法生成外，还可由两个函数给定：logspace(w1, w2, N) 产生频率在 w1 和 w2 之间 N 个对数分布频率点；linspace(w1, w2, N) 产生频率在 w1 和 w2 之间 N 个线性分布频率点；N 可以省略。
- 调用 nyquist( ) 指令，若指定 w，则 w 仍然必须是正实数组。
- 所绘 Nyquist 图的横坐标为系统频率响应的实部，纵坐标为虚部。

【例 7-3】　系统开环传递函数为 $G(s) = \dfrac{k}{s(1+0.1s)(1+0.5s)}$，绘制当 $K=5$、30 时系统的开环频率特性 Nyquist 图，并判断系统的稳定性。

```
w=linspace(0.5,5,1000)*pi;
sys1=zpk([ ],[0 -10 -2],100);        % 建立模型 1,K=5
sys2=zpk([ ],[0 -10 -2],600);        % 建立模型 2,K=30
figure(1)
nyquist(sys1,w);                     % 绘制 Nyquist 图 1
title('System Nyquist Charts with K=5')
figure(2)
nyquist(sys2,w)                      % 绘制 Nyquist 图 2
title('System Nyquist Charts with K=30')
```

$K=5$ 和 $K=30$ 时的系统 Nyquist 曲线如图 7-4、图 7-5 所示。由于系统开环稳定（即 P = 0，没有在 S 右半平面的极点），所以 $K=5$ 时系统是稳定的，开环 Nyquist 曲线没有包围 (-1, j0) 点，即图中的 "+" 号；而 $K=30$ 时系统是不稳定的，开环 Nyquist 曲线包围了 (-1, j0) 点。

为了验证 Nyquist 稳定判据，执行以下指令，分别绘制 $K=5$ 和 $K=30$ 时的系统单位阶跃响应，如图 7-6 所示。

```
sys11=feedback(sys1,1,-1);        % 建立系统闭环传递函数(K=5,单位负反馈)
sys22=feedback(sys2,1,-1);        % 建立系统闭环传递函数(K=30,单位负反馈)
subplot(2,1,1),step(sys11)
title('System Step Time Response with K=5')
```

subplot(2,1,2),step(sys22)

title('System Step Time Response with K=30')

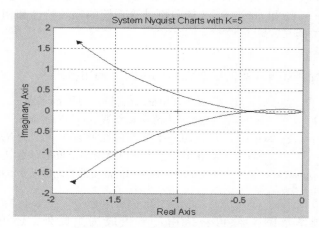

图 7-4　$K=5$ 时系统的 Nyquist 图

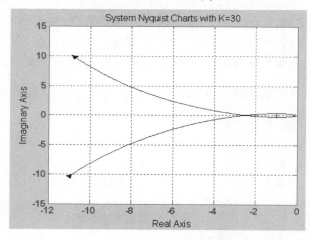

图 7-5　$K=30$ 时系统的 Nyquist 图

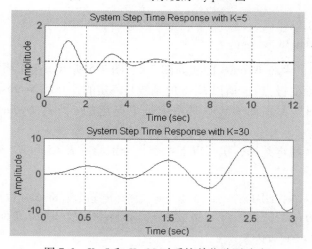

图 7-6　$K=5$ 和 $K=30$ 时系统单位阶跃响应

显然当 $K=30$ 时，系统单位阶跃响应是发散的，即系统闭环不稳定。

2. Bode 图的绘制

MATLAB 用于绘制 Bode 图的函数是 bode( )，其调用格式为

```
bode(sys)                    % 基本调用格式,绘制 Bode 图
bode(sys,w)                  % 指定频率范围,绘制 Bode 图
bode(sys1,sys2,…,sysn)       % 在同一图内,绘制多个模型的 Bode 图
[mag,phase,w]=bode(sys)      % 返回响应的幅值和相位及对应的 w,不绘制 Bode 图
bodemag(sys)                 % 仅绘制幅频 Bode 图
```

[说明]　当不指定频率范围时，bode( ) 将根据系统零极点自动确定频率范围。

【例7-4】　系统开环传递函数为 $G(s)=\dfrac{K}{s\ (1+0.1s)\ (1+0.5s)}$，绘制当 $K=5$、30 时系统的开环频率特性 Bode 图，并判断系统的稳定性（图 7-7、图 7-8，该系统与例 7-3 相同）。

```
sys1=zpk([ ],[0 -10 -2],100);        % 建立模型 1,K=5
sys2=zpk([ ],[0 -10 -2],600);        % 建立模型 2,K=30
figure(1),bode(sys1)                 % 绘 Bode 图 1
title('System Bode Charts with K=5'),grid
figure(2),bode(sys2)                 % 绘 Bode 图 2
title('System Bode Charts with K=30'),grid
```

由图 7-7 可知，因为 $\omega_c<\omega_g$ 所以 $K=5$ 时系统稳定；而由图 7-8 可知 $\omega_c>\omega_g$，所以当 $K=30$ 时，系统不稳定。

对比图 7-5、图 7-6 和图 7-7、图 7-8，不难看出 Bode 图对于描述频率特性的幅值与相位对频率的关系更加直观、清晰，而且更容易分析系统的相对稳定性。

3. 计算幅值、相位裕度

在 MATLAB 中，计算幅值裕度 k_g 和相位裕度 γ 的函数为 margin( )，其调用格式为

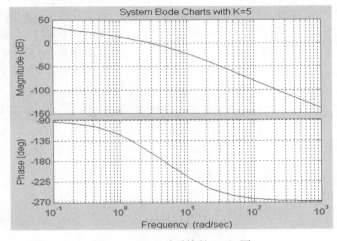

图 7-7　$K=5$ 时系统的 Bode 图

```
margin(sys)                          % 为基本调用,用于绘制 Bode 图,并在图中标出幅值裕
                                       度和相位裕度
[Gm,Pm,Wcg,Wcp]=margin(sys)          % 返回幅值裕度 Gm,相位裕度 Pm,相位穿越频率 Wcg
                                       和幅值穿越频率 Wcp,不绘制 Bode 图
[Gm,Pm,Wcg,Wcp]=margin(mag,phase,w)  % 由给定幅频向量 mag、相频向量 phase 和对应频率向量
                                       w,计算并返回 Gm、Pm、Wcg 和 Wcp
```

[说明]　返回的 $Gm=1/|G(j\omega_g)|$ 是 Nyquist 图对应的幅值裕度，单位不是分贝。

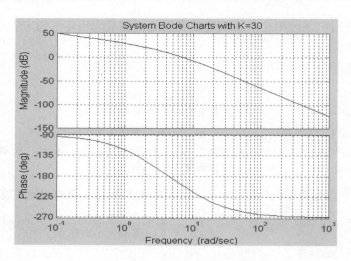

图 7-8　K=30 时系统的 Bode 图

【例 7-5】　计算例 7-4 中 K=5 和 K=30 时系统的幅值与相位裕度，如图 7-9 和图 7-10 所示。

```
sys1 = zpk([ ],[0 -10 -2],100);      % 建立模型 1(K=5)
sys2 = zpk([ ],[0 -10 -2],600);      % 建立模型 2(K=30)
[kg1,r1,wg1,wc1] = margin(sys1);     %计算模型 1 幅值与相位裕度
[kg2,r2,wg2,wc2] = margin(sys2);     %计算模型 2 幅值与相位裕度
figure(1), margin(sys1)              % 在图形窗口 1 绘制模型 1 带标记 Bode 图
figure(2), margin(sys2)              % 在图形窗口 2 绘制模型 2 带标记 Bode 图
[kg1,r1,wg1,wc1]                     % 显示模型 1 计算结果
[kg2,r2,wg2,wc2]                     % 显示模型 2 计算结果
```

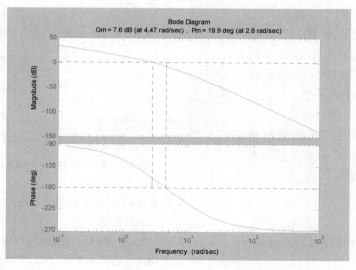

图 7-9　sys1Bode 图

指令窗中显示的执行结果为

ans =

      2.4000   19.9079   4.4721   2.7992

ans =

      0.4000   −18.3711   4.4721   6.8885

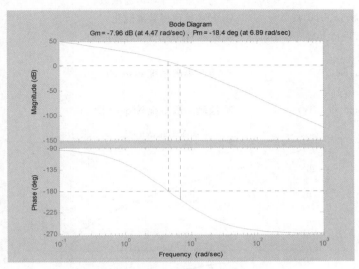

图 7-10　sys2Bode 图

以上计算结果表明，改变系统增益不会影响系统的相位穿越频率。

7.3　离散系统频域仿真

1. 离散系统频率响应

利用 Laplace 变换与 Z 变换关系，可得

$$z = \mathrm{e}^{sT}\big|_{s=\mathrm{j}\omega} = \mathrm{e}^{\mathrm{j}\omega T} \tag{7-8}$$

式中，T 为采样周期。

设已知离散系统传递函数 $G(z)$，则离散系统的频率响应可由下式求出：

$$G(\mathrm{e}^{\mathrm{j}\omega T}) = \frac{b_1(\mathrm{e}^{\mathrm{j}\omega T})^m + b_2(\mathrm{e}^{\mathrm{j}\omega T})^{m-1} + \cdots + b_m \mathrm{e}^{\mathrm{j}\omega T} + b_{m+1}}{a_n(\mathrm{e}^{\mathrm{j}\omega T})^n + a_{n-1}(\mathrm{e}^{\mathrm{j}\omega T})^{n-1} + \cdots + a_n \mathrm{e}^{\mathrm{j}\omega T} + a_{n+1}} \tag{7-9}$$

为正确计算离散系统频率响应，系统的频率范围应在 $0 \sim \omega_s/2$ 之间，其中 $\omega_s = \dfrac{2\pi}{T}$ 为离散系统的采样角频率。

2. 离散系统频域仿真的 MATLAB 函数

与系统响应的时域仿真类似，MATLAB 环境下离散控制系统频域仿真只需将连续系统相应的 MATLAB 频域函数前面加上 d 即可，如 dnyquist（）、dbode（）等。这些函数的调用和参数设置也与连续系统大体相同，只是这些函数的参数设置中多了一个必选的采样时间 T_s 项。请看下面的例子。

【例 7-6】　设闭环离散系统结构如图 7-11 所示，

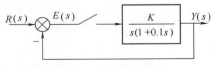

图 7-11　闭环离散系统

其中 $T = 0.1s$，$K = 5$，绘制该系统的 Bode 图和 Nyquist 图，如图 7-12 和图 7-13 所示。

```
Ts = 0.1;K = 5;
Gs = zpk([ ],[0 -10],K*10);    % 连续系统开环传递函数
Gz = c2d(Gs,Ts,'zoh');         % 开环传递函数离散化
[num,den,Ts] = tfdata(Gz,'v');  % 获取 Gz 的分子、分母系数向量
figure(1)
dbode(num,den,Ts)              % 绘制离散系统 Bode 图
grid, figure(2)
dnyquist(num,den,Ts)           % 绘制离散系统 Nyquist 图
```

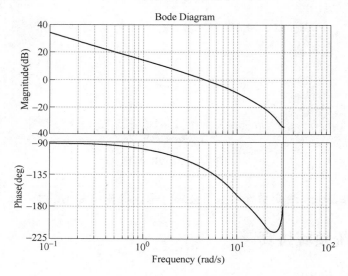

图 7-12　离散系统 Bode 图（$K = 5$）

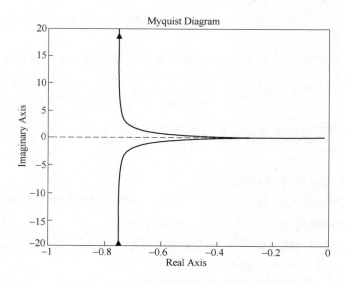

图 7-13　离散系统 Nyquist 图（$K = 5$）

[说明]

● MATLAB 离散系统的频域分析指令在设置系统时必须带入分子、分母系数向量。

● 对离散系统只进行主频带（$\pm\omega_s/2$）分析。本例中的采样角频率 $\omega_s = \dfrac{2\pi}{T} = 20\pi$，因此图 7-12 中的 Bode 图只绘制到约 31rad/s。

● 借助主频带内离散系统开环频率特性的 Bode 图或 Nyquist 图仍然可对系统的稳定性进行分析。对图 7-12、图 7-13，由 Bode 判据或 Nyquist 判据可知该离散系统是稳定的。执行以下命令，可得图 7-14 的系统单位阶跃响应曲线，验证了系统稳定的结论。

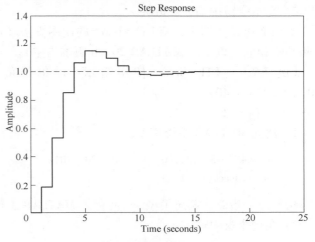

图 7-14　离散系统单位阶跃响应（$K=5$）

```
Gb=feedback(Gz,1,-1);              % 离散系统闭环传递函数
[numb,denb,Ts]=tfdata(Gb,'v');     % 获取 Gb 的分子、分母系数向量
dstep(numb,denb)                   % 绘制离散系统单位阶跃响应曲线
```

需要注意的是，离散系统的稳定性与采样周期 T 有很大关系。对图 7-11 所示的二阶系统，在连续时间下其始终是稳定的，而在离散时间的情况下，增益 K 的取值将受采样周期的制约，否则就会导致系统不稳定。对该系统当采样周期 T 不变，增加 K 至 24.5 时，系统就不稳定，此时系统的 Bode 图和单位阶跃响应曲线如图 7-15 所示。

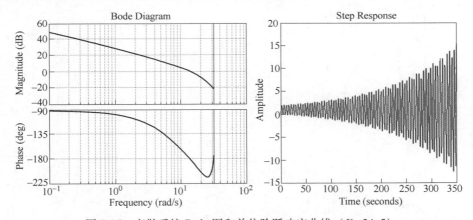

图 7-15　离散系统 Bode 图和单位阶跃响应曲线（$K=24.5$）

7.4　系统分析图形用户界面

MATLAB 控制工具箱提供的线性时不变（LTI）系统仿真的图形用户分析界面——LTI Viewer，可更为直观地分析线性离散、连续系统的时域、频域响应。其使用也很简单，

调用步骤如下。

1）在指令窗中或处于 MATLAB 搜索路径的目录里建立起要分析的系统模型。

2）在指令窗中输入：ltiview。

下面通过具体例子介绍 LTI Viewer 的使用方法（不同版本的界面可能略有差异，但使用步骤基本相同，以下以 MATLAB 2016b 版本为主）。

【例 7-7】 LTI Viewer 使用演示：设单位负反馈系统的开环传递函数 $G(s) = \dfrac{20(s+5)(s+40)}{s(s+0.1)(s+20)^2}$。

1）建立 MATLAB 系统模型。

```
Gk = zpk([-5 -40],[0 -0.1 -20 -20],20);
sys = feedback(Gk,1,-1);
```

执行以上指令，系统模型 sys 便存入 MATLAB 工作空间。

2）在指令窗中输入：

≫ ltiview

即可进入 LTI Viewer 可视化仿真环境，如图 7-16 所示。

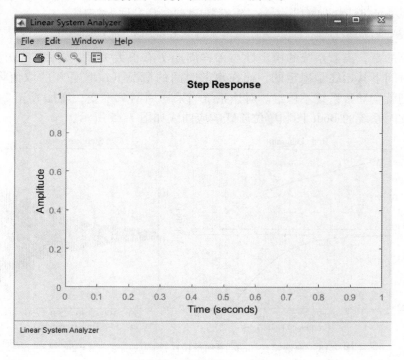

图 7-16　LTI　Viewer 窗口

3）在进入 LTI Viewer 后，单击菜单栏中【File】上的【Import】选项后，弹出一个装入 LTI 系统的窗口，如图 7-17 所示。该窗口将显示工作空间或指定目录的文件夹内所有的系统模型对象。

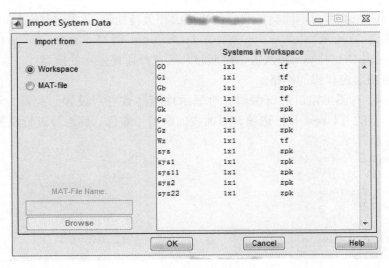

图 7-17　系统模型调入窗口

4）在 LTI Viewer 中选择系统"sys"后，就显出系统的阶跃响应图形窗口，在窗口内单击鼠标右键弹出菜单，如图 7-18 所示。

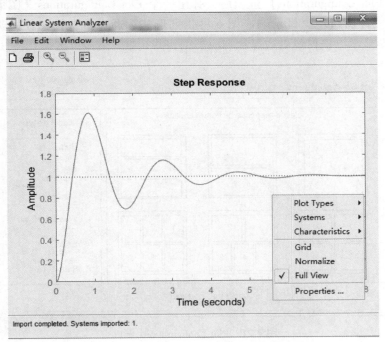

图 7-18　LTI　Viewer 图形窗口和菜单

菜单的主要功能如下。
- Plot Types：选择图形类型，如图 7-19 所示。可选择 Step（阶跃响应，默认设置）、Impulse（脉冲响应）、Bode 图、BodeMag（幅频 Bode 图）、Nyquist 图、Pole/Zero（极点/零点图）等。

- Characteristics：可对不同类型响应曲线标出相关特征值。对阶跃响应曲线，可选择表示的特征值如图 7-20 所示。
- Systems：当 LTI Viewer 装入多个模型时，可选择需要显示的模型。
- Grid：在图形窗口添加网格。
- Properties：对图形窗口进行编辑，对显示性能参数进行设置。此外，还可以选择菜单栏中【Edit】上的【Linestyle】选项，对曲线的线型、颜色、标志等进行设置。

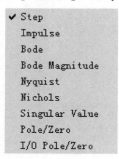

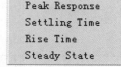

图 7-19　Plot Types 下级菜单　　　　　　图 7-20　Characteristics 下级菜单

此外还可进行多个图形窗口显示，其操作如下：在 LTI Viewer 窗口下，选择菜单【Edit】上的【Plot Configurations】选项后，弹出一个 Plot Configurations（图形配置）窗口，如图 7-21 所示。该窗口左边显示响应图 6 种排列形式，通过单选按钮任意选择其中一种，最多有 6 种图形显示。该窗口右边显示响应类型，共 6 组，最多可选择 6 种（应和所选窗口数对应）。

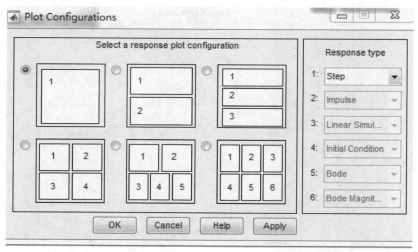

图 7-21　Plot Configurations 窗口

在该界面上选择 4 个图形窗口，并使相应窗口分别对应阶跃、脉冲、Bode 图和 Nyquist 图，单击　OK　按钮后，即可显示响应图形，如图 7-22 所示。对图中每个曲线还可分别设置相关选项，如 Bode 图设置显示稳定裕度，阶跃响应设置显示峰值和峰值时间，用鼠标指向图中的圆点，即可显示出相关数据。

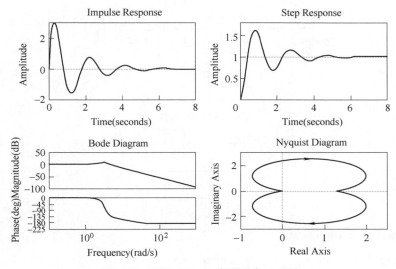

图 7-22　LTI　Viewer 多图形窗口显示

需要说明的是，如果对已装入 LTI Viewer 的仿真模型进行了修改，则必须选择菜单【Edit】上的【Refresh Systems】选项对 LTI Viewer 中的模型进行刷新；而选择菜单【Edit】上的【Delete Systems】选项则可以删除 LTI Viewer 中不需要的模型。

习　题　7

1. 绘制下列各单位反馈系统开环传递函数的 Bode 图和 Nyquist 图，并根据其稳定裕度判断系统的稳定性。

（1）$G_k(s) = \dfrac{10}{(1+s)(1+2s)(1+3s)}$

（2）$G_k(s) = \dfrac{10}{s(1+s)(1+10s)}$

（3）$G_k(s) = \dfrac{10}{s^2(1+0.1s)(1+0.2s)}$

（4）$G_k(s) = \dfrac{2}{s^2(1+0.1s)(1+10s)}$

2. 设单位反馈系统的开环传递函数为 $G_k(s) = \dfrac{K}{s\left(\dfrac{s^2}{\omega_n^2}+2\xi\dfrac{s}{\omega_n}+1\right)}$，其中无阻尼固有频率 $\omega_n = 90\text{rad/s}$，阻尼比 $\xi = 0.2$，试确定使系统稳定的 K 的范围。

3. 设系统如图 7-23 所示，试用 LTI Viewer 分析系统的稳定性，并求出系统的稳定裕度及单位阶跃响应峰值。

4. 设闭环离散系统结构如图 7-24 所示，其中 $G(s) = \dfrac{10}{s(s+1)}$，$H(s) = 1$，绘制 $T = 0.01\text{s}$、1s 时离散系统开环传递函数的 Bode 图和 Nyquist 图以及系统的单位阶跃响应曲线。

5. 图 7-25 为一直流电动机定位系统的等效电路图。设电动机转动惯量（含负载）$J = 3.2284 \times 10^{-6}\text{kg} \cdot \text{m}^2$，黏性摩擦系数 $c = 3.5077 \times 10^{-6}\text{N/m} \cdot \text{s}^{-1}$，电动机转矩常数 $K_t =$ 电势常数 $K_e = K = 0.0274\text{N} \cdot \text{m/A}$，电枢电阻 $R_a = 4\Omega$，电枢电感 $L_a = 2.75 \times 10^{-6}\text{H}$。输入量是电枢电压 v_a，输出量是转轴的角度 θ，并假设电动机的转轴

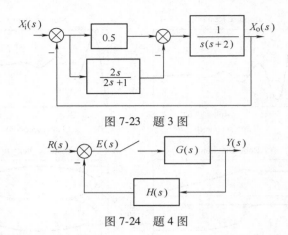

图 7-23　题 3 图

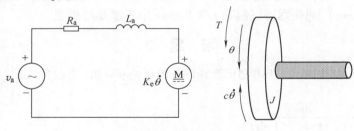

图 7-24　题 4 图

是刚性的，则该系统的动力学方程如下：

（1）转矩平衡方程为

$$J\ddot{\theta}+c\dot{\theta}=K_t i_a$$

（2）电路方程为

$$L_a\frac{\mathrm{d}i_a}{\mathrm{d}t}+R_a i_a=v_a-K_e\dot{\theta}$$

试求该系统的传递函数 $\dfrac{\Theta(s)}{V_a(s)}$，并绘制系统的 Bode 图和 Nyquist 图。

图 7-25　题 5 图

6. 计算图 5-14 所示的四通伺服阀控制对称液压缸系统的幅值、相位穿越频率及相应的相位、幅值裕度（提示：设 $F_L=0$）。

第8章 控制系统的综合与校正

前面两章主要是针对结构和参数已经确定的系统，通过时域和频域的仿真分析，来计算和估计系统的性能，这个过程被称为系统分析。但在工程实践中，常常会提出相反的问题，也就是被控对象确定，性能指标给定，要求设计者选择合适的结构、参数，使控制器与被控对象构成的系统达到要求的性能指标。这个问题通常被称为系统的综合。系统综合的目的是通过在系统中引入合适的附加装置以及确定该装置的合理参数，来校正原有系统的缺点，从而使系统具有希望的性能指标。控制系统的综合与校正是控制系统设计的核心内容。

本章主要介绍 MATLAB 在单输入单输出控制系统校正中的一些应用。

8.1 系统性能指标的计算

系统在稳定的前提下，通常还要求它的输出量尽可能与输入量保持某种给定的关系（包括与输入量相等）。但是任何一个实际的控制系统总是不可避免地存在误差，这其中有由于系统本身结构、参数造成的误差，称为原理性误差；也有由组成系统的元件、部件的不良特性，如摩擦、死区、间隙等非线性因素产生的误差；还有由干扰所产生的误差等。从某种意义上说，误差的大小可以反映出一个系统性能的优劣，工程应用中既关心过渡过程中的动态误差，也关心进入稳态后的稳态误差（也称为静态误差）。因此，工程上形成的一些用于衡量系统性能的指标，尽管提法不同，但都体现了对系统静态特性和动态特性的要求。

控制系统的性能指标大体上可分为两类，即频域指标和时域指标。

8.1.1 时域指标

时域指标分为动态指标和静态指标。

1. 动态指标

系统动态性能指标用系统的阶跃响应特征来定义，主要有下面 4 个。

（1）上升时间 t_r　响应曲线第一次达到稳态值（欠阻尼系统）或从稳态值的 10% 上升到 90%（过阻尼系统）所需的时间。

（2）峰值时间 t_p　响应曲线第一次达到峰值所需时间（适用于欠阻尼系统）。

（3）最大超调量 M_p　$M_p \triangleq \dfrac{x_o(t_p) - x_o(\infty)}{x_o(\infty)} \times 100\%$（适用于欠阻尼系统）。

（4）调整时间 t_s　也称为过渡过程时间，是指响应曲线与稳态值的误差对稳态值的比值始终不超过一个预先设定的阈值，如 2% 或 5%，所需要的最短时间。

对于那些有响应速度要求的系统，通常都被设计成欠阻尼系统，因此在工程实践中，大都用过渡过程时间和超调量来衡量系统的动态特性的优劣。

虽然 MATLAB 并没有提供专门的函数计算以上时域动态指标，但以上性能指标的计算均可以用 MATLAB 编程完成。下面通过举例加以说明。

【**例 8-1**】 已知系统传递函数为 $G(s)=5(s+1)/(s^3+4s^2+6s+5)$，求最大超调量 M_p、调整时间 t_s（相对误差阈值为 2%）和峰值时间 t_p，如图 8-1 所示。

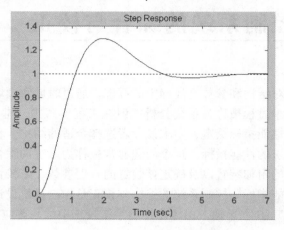

图 8-1 例 8-1 系统的阶跃响应曲线

```
num=[5 5];den=[1 4 6 5];sys=tf(num,den) ;     % 建立模型
finalvalue=polyval(num,0)/polyval(den,0)       % 计算稳态值
```

$$y(\infty) = \lim_{s\to 0}sY(s)$$
$$= \lim_{s\to 0}G(s)$$

```
[y,t]=step(sys);
[yp,k]=max(y)                                  % 计算峰值及其坐标
tp=t(k)                                         % 计算峰值时间
Mp=100*(yp-finalvalue)/finalvalue               % 计算超调量
len=length(t);                                   % 计算时间向量长度
while (y(len)>0.98*finalvalue)&(y(len)<1.02*finalvalue)
    len=len-1;                                   % 计算调整时间坐标
end
ts=t(len)                                        % 求调整时间
step(sys)
```

指令窗中显示的执行结果为

```
finalvalue =
    1
yp =
    1.2951
k =
    51
tp =
    1.9570
Mp =
    29.5095
```

```
ts =
    5. 3621
```

［说明］　polyval（　）求多项式函数；max（　）求最大值；length（　）求数组长度，均为 MATLAB 函数。

2. 静态指标

静态指标包括系统的静态误差、无静差度以及开环比例系数等，主要是静态误差或稳态误差。

图 8-2a 所示系统的稳态偏差，也就是指令信号与反馈信号差值的稳态值，可表示为

$$e_{ss} = \lim_{s \to 0} sE(s) = \lim_{s \to 0} s \frac{1}{1 + G(s)H(s)} X_i(s) \tag{8-1}$$

将图 8-2a 等效变换为图 8-2b，可得系统的稳态误差，即希望输出与实际输出差值的稳态值为

$$\varepsilon_{ss} = \lim_{s \to 0} s \frac{1}{1 + G(s)H(s)} \frac{X_i(s)}{H(s)} \tag{8-2}$$

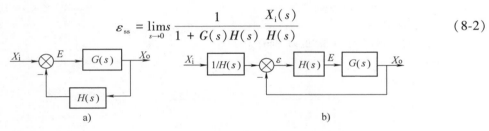

图 8-2　误差计算系统框图

进一步可将图 8-2b 等效为图 8-3。因此，计算图 8-2 的稳态误差等价于计算图 8-3 的稳态输出。

利用 MATLAB 计算图 8-3 所示系统的稳态输出有以下步骤：

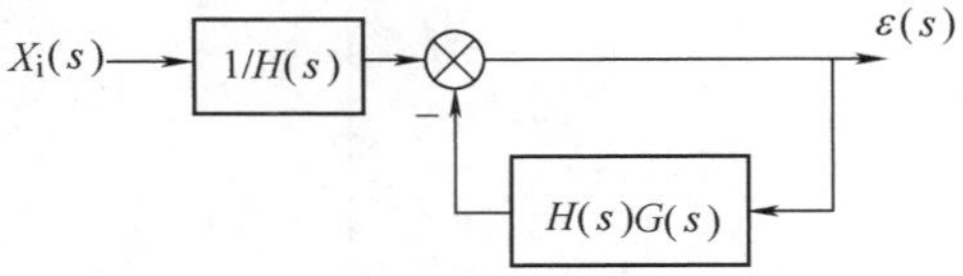

1）利用 MATLAB 提供的模型连接函数，将系统简化为图 8-3，求出简化后的系统模型 sys。

2）对给定的输入求系统 sys 的稳态输出。

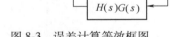

图 8-3　误差计算等效框图

MATLAB 的 dcgain（　）函数可用来计算 LTI 系统的稳态增益，其调用格式为

　　K = dcgain（sys）

［说明］　sys 为系统模型，当 sys 为传递函数模型时，dcgain（　）等价于计算 $K = \lim_{s \to 0} sys(s)$。

该函数也可用来计算系统阶跃响应的稳态值和稳态误差，见例 8-2。

【例 8-2】　已知单位负反馈系统的开环传递函数为 $G_k(s) = \dfrac{10}{s(s+1)(s+5)}$，求当其单位斜坡输入时，系统的稳态误差。

由图 8-3 可知，此时系统的误差函数为 $\varepsilon(s) = \dfrac{1}{1+G_k(s)} X_i(s)$，而 $X_i(s) = \dfrac{1}{s^2}$，则该系统的稳态误差，也就是图 8-3 的稳态输出，可表示为 $\varepsilon_{ss} = \lim_{s \to 0} s \cdot \varepsilon(s)$，编程如下：

```
Gk = zpk([ ],[0 -1 -5],10);
Xi = zpk([ ],[0 0],1);
sys = 1/(1+Gk);                          % 计算误差传递函数
Es = sys * Xi                            % 误差函数
ess = dcgain(tf([1 0],[1]) * Es)         % 计算稳态误差
t = [0:0.05:10];
xi = t;
y = lsim(sys * Gk,xi,t);
plot(t,xi,'r-.',t,y,t,xi-y','k:')        % <9>
legend('输入','输出','误差')              % <10>
xlabel('t(s)'),ylabel('幅值、误差')
```

指令窗中显示的执行结果为

Zero/pole/gain:

$$\frac{s(s+1)(s+5)}{s^2(s+5.418)(s^2+0.5822s+1.846)}$$

ess =

0.5000

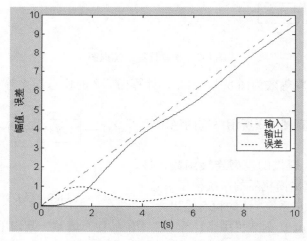

图 8-4 例 8-2 系统的单位斜坡响应及其稳态误差

[说明]

● <9>行中的 xi-y'为系统的输出误差,由于 y 为列向量,所以需要将其转置后才能与行向量 xi 相减。

● 图例的位置可由 legend(…,pos)中 pos 的设置确定,pos = 0 为选择最佳位置,见<10>行。

8.1.2 频域指标

频域指标包括开环频域指标和闭环频域指标。

(1)开环频域指标 主要指幅值穿越频率 ω_c、幅值裕度 K_g 和相位裕度 γ 等。

(2)闭环频域指标 主要指闭环谐振峰值 M_r、谐振频率 ω_r 和闭环频宽 ω_{cc} 等。

开环频域指标计算的 MATLAB 函数在第 7 章已经介绍过,而闭环谐振峰值计 M_r 及其相

应的谐振频率 ω_r 可由 MATLAB 函数 max( ) 求得。

8.2　系统校正的 MATLAB 编程

对于单输入单输出系统,校正装置的引入主要有两种形式:一种是串联校正,即校正装置 $G_c(s)$ 与被校正对象串联,如图 8-5 所示;另一种为反馈校正,即从被校正对象中引出反馈信号,与被校正对象或其一部分构成局部反馈回路,并在局部反馈回路内设置校正装置,如图 8-6 所示。

控制系统的设计方法主要有时域设计与频域设计两类。

(1) 时域设计　根据给定的时域性能指标,如超调量 M_p、调整时间 t_s 以及稳态误差等进行控制系统的设计。例如,可根据稳态误差的要求确定系统开环增益,由超调量或稳定性要求确定系统的阻尼比等。

(2) 频域设计　根据给定的频域性能指标,如稳定裕度、频宽以及谐振频率等进行控制器的设计。频域设计大都涉及校正装置的设计,如相位滞后校正、相位超前校正(见 8.3 节和本章习题中第 1 题)以及相位滞后—超前校正等。控制器的频域设计是古典控制理论的一种主要设计方法。

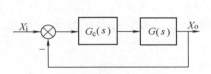

图 8-5　串联校正

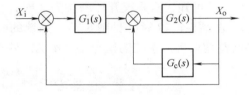

图 8-6　反馈校正

本节介绍两个具体的串联校正方法的 MATLAB 编程,即相位滞后校正和 PID 校正。由于 PID 校正相当于相位滞后—超前校正,所以它们都是属于基于频域的设计方法。此外,MATLAB 还提供了基于根轨迹的设计方法(可参见本章习题中第 5 题)以及基于状态空间方程的极点配置法和 LQR 方法,有关这方面的内容可参见文献[4][5][7][8]。

8.2.1　相位滞后校正

相位滞后校正可以使系统具有希望的相位裕度和低频增益(稳态误差),校正装置的传递函数为

$$G_c(s) = \frac{K_c(T_1 s + 1)}{(\beta T_1 s + 1)} \quad \beta > 1 \tag{8-3}$$

相位滞后校正设计思想:先确定增益 K_c 使系统具有希望的稳态精度,再确定校正装置的转折频率使系统具有希望的相位裕度 γ。K_c 也可合并到 $G(s)$ 中。

相位滞后校正设计步骤如下:

1) 根据稳态误差计算 K_c。

2) 根据 K_c 下系统开环幅、相频曲线,寻找满足要求相位裕度 $\gamma_c = \gamma + (5° \sim 10°)$ 所对应的频率作为幅值穿越频率 ω_c。

3) 根据 ω_c 确定校正环节的转折频率,即

$$|G_c(j\omega_c)G(j\omega_c)| = 1 \rightarrow \beta = |K_cG(j\omega_c)|$$

$$\frac{1}{T_1} = \frac{\omega_c}{10} \rightarrow T_1 = \frac{10}{\omega_c}$$

［说明］ 相位滞后校正通常是在低频段进行,即滞后校正装置的最大转折频率 $1/T_1$ 应远小于校正后系统的开环幅值穿越频率 ω_c(一般取 $0.1\omega_c$),以避免校正装置的负相位影响 ω_c 附近的系统开环相频特性,所以有 $T_1\omega_c$ 远大于 1,又 $\beta > 1$,因此在 ω_c 处有

$$G_c(j\omega_c) = \frac{K_c(1 + jT_1\omega_c)}{1 + j\beta T_1\omega_c} \approx \frac{K_c}{\beta}$$

【例 8-3】 设校正前系统开环传递函数为 $G(s) = \dfrac{4}{(2s+1)(0.5s+1)(0.05s+1)}$,设计滞后控制器使系统相位裕度为 $60°$,开环增益为 49。

(1)计算改变增益前后,系统开环对数频率特性,如图 8-7 和图 8-8 所示。

```
Gp=tf(1,[2,1])*tf(1,[0.5,1])*tf(1,[0.05,1])*4;     % 改变增益前系统开环传递函数模型
Gp1=Gp*49/4;                                        % 改变增益后系统开环传递函数模型
figure(1),margin(Gp)                                % 改变增益前系统开环 Bode 图
figure(2),margin(Gp1)                               % 改变增益后系统开环 Bode 图
```

由图 8-7 可知,当系统开环增益为 4 时,系统的幅值裕度为 23dB,相位裕度为 $66.9°$;而当开环增益提至 49 时(见图 8-8),系统的幅值裕度仅为 1.22dB,相位裕度为 $2.57°$。显然开环增益增加后,系统的稳定裕度不满足要求。

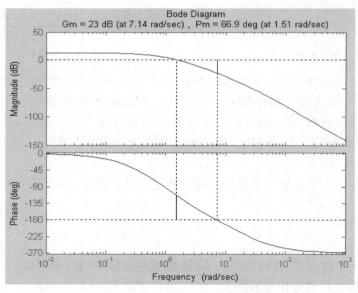

图 8-7 改变增益前系统开环 Bode 图

(2)计算改变增益后,具有希望相位裕度的系统开环对数幅频穿越频率 ω_c。
考虑到校正环节在幅值穿越频率 ω_c 处相位滞后的影响,增加 $10°$ 的预补偿量,则

$$\angle Gp_1(j\omega_c) = -180° + 60° + 10° = -110°$$

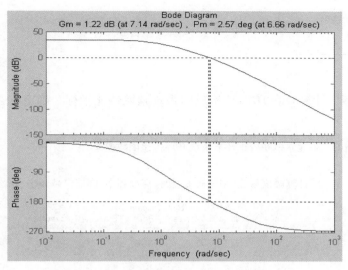

图 8-8　改变增益后系统开环 Bode 图

```
W = logspace( -1,2,100);            % 生成对数频率向量
[mag,ph] = bode(Gp1,W);             % 产生系统幅频、相频矩阵 <2>
mag = reshape(mag,100,1);           % 将幅频矩阵变为幅频向量 <3>
ph = reshape(ph,100,1);             % 将相频矩阵变为相频向量 <4>
Wc = interp1(ph,W, -110)            % 计算相位为 -110°时的频率 <5>
```

指令窗中显示的执行结果为

```
Wc =
    1.4189
```

即在幅值穿越频率 ω_c 处，系统开环频率特性的相位为 $-110°$。

[说明]

● <2>行中 bode( ) 函数返回的幅频 mag、相频 ph 计算结果均为 $1×1×100$ 的三维矩阵，需要将其转换为向量，以便于数值计算。

● <5>行中 interp1( ) 为插值函数，用于确定 ph 中与 $-110°$ 对应的角频率 ω_c。

（3）确定校正环节参数即确定 β 和 T_1。

1）在 ω_c 处校正环节的对数幅值应满足：$20\lg\beta = 20\lg|G_{p1}(j\omega_c)|$ 。

2）一阶微分环节转折频率 1/T1 可根据相位裕度的变化进行调整。

```
mag110 = interp1(ph,mag, -110);     % 计算 ωc 处幅值(非分贝值)
Beta = mag110                       % 求取 β
T1 = 6/Wc;BT1 = Beta * T1;          % 计算转折频率
Gc = tf([T1,1],[BT1,1])             % 建立校正环节模型
```

指令窗中显示的执行结果为

```
Beta =
    13.2494
```

Transfer function:

4. 228 s + 1

— — — — — — — — — —

56. 02 s + 1

（4）系统校核　计算 $G_c(s)G(s)$ 构成的系统频域性能指标，确定是否满足要求，如图 8-9 所示。

  sys = Gc * Gp1　　% 建立串联校正环节系统开环传递函数模型
  figure(3)
  margin(sys)　　% 计算幅值裕度、相位裕度、相位穿越频率、幅值穿越频率，并绘图

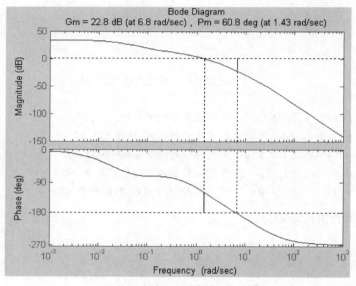

图 8-9　校正后系统开环 Bode 图

由图 8-9 可知，校正后系统的幅值裕度为 22.8dB，相位裕度为 60.8°，满足要求。

（5）时间响应比较（见图 8-10）

  figure(4)
  subplot(2,1,1),step(feedback(Gp1,1,-1))　　% 绘制校正前系统阶跃响应曲线
  subplot(2,1,2),step(feedback(sys,1,-1),'r')　　% 绘制校正后系统阶跃响应曲线

图 8-10 的下图为校正后系统阶跃响应曲线，与上图未校正的系统阶跃响应曲线相比，系统的动态特性明显改善。

8.2.2　PID 校正

PID 校正是工程领域中应用最为广泛的一种基本控制方法。它的一般结构如下：

$$u(t) = K_p e(t) + K_i \int e(t)\,\mathrm{d}t + K_d \frac{\mathrm{d}e(t)}{\mathrm{d}t} \tag{8-4}$$

式中，e 是偏差，即输出量与设定值之间的差值；u 是控制量，作用于被控对象并引起输出量的变化；K_p 是控制器比例部分的增益系数，其控制效果是减少响应曲线的上升时间及静

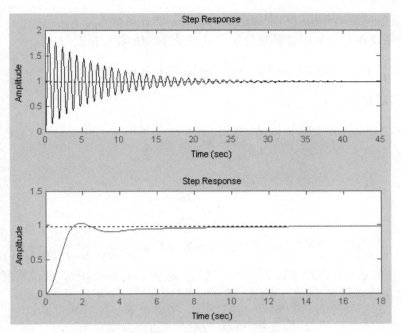

图 8-10　校正前后系统开环阶跃响应曲线比较

态误差，但不能消除静态误差；K_i 控制器积分部分的增益系数，其控制效果是消除静态误差；K_d 是控制器微分部分的增益系数，其控制效果是增强系统的稳定性，减少过渡过程时间，降低超调量。PID 控制器的 3 个参数是相互关联的，因此在控制器的设计时需要综合考虑。

PID 控制器的参数可基于经验进行设置，也可根据适当的性能指标进行设计，下面介绍一种基于性能指标的设计方法。

1. 由稳态误差确定积分增益系数 K_i

设系统开环传递函数为 $G(s)$，则 PID 控制系统的开环传递函数为

$$G_k(s) = \left(K_p + \frac{K_i}{s} + K_d s \right) G(s) \tag{8-5}$$

如果系统 $G(s)$ 是含有 N 个积分环节的 N 型系统（通常 $N = 0$、1、2），则系统 $G_k(s)$ 为 $(N+1)$ 型系统，即增加了系统的型次。若系统要求的稳态误差 ε_{ss} 是不为 0 的有限差，则对于单位反馈系统有

$$\varepsilon_{ss} = \lim_{s \to 0} s \cdot \frac{1}{1 + G_k(s)} \cdot X_i(s) = \lim_{s \to 0} \frac{1}{s^{N+1} G_k(s)} = \frac{1}{K_{N+1}} \tag{8-6}$$

式中，X_i 为系统输入；K_{N+1} 为系统的误差系数：

$$K_{N+1} = \lim_{s \to 0} s^{N+1} \left(K_p + \frac{K_i}{s} + K_d s \right) G(s) = \lim_{s \to 0} s^N K_i G(s) \tag{8-7}$$

由式（8-6）和式（8-7）可求出积分增益 K_i。

注意：对于单位反馈系统，稳态误差等于稳态偏差；对于非单位反馈系统，稳态误差等于稳态偏差除以反馈增益，如图 8-2 所示。

2. 由幅值穿越频率和相位裕度确定比例、微分增益系数 K_p、K_d

设校正后系统在 $G_k(s)$ 的幅值穿越频率 ω_c 处的期望的相位裕度为 $\varphi(\omega_c)$，则

$$G_k(j\omega_c) = \left(K_p + \frac{K_i}{j\omega_c} + j\omega_c K_d \right) G(j\omega_c) = e^{j\varphi(\omega_c)} \tag{8-8}$$

由式（8-8）可求出 K_p、K_d：

$$K_p + j\omega_c K_d = \frac{e^{j\varphi(\omega_c)}}{G(j\omega_c)} + \frac{jK_i}{\omega_c} = Re + jIm \tag{8-9}$$

即

$$K_p = Re \tag{8-10}$$

$$K_d = \frac{Im}{\omega_c} \tag{8-11}$$

【**例 8-4**】 已知某一伺服机构的开环传递函数为 $G(s) = \dfrac{1}{s(0.5s+1)(0.1s+1)}$，设计 PID 控制器，使得系统的加速度误差系数 $K_a \geqslant 10$，幅值穿越频率 $\omega_c \geqslant 4\text{rad/s}$，相位裕度 $\varphi(\omega_c) \geqslant 50°$。

这是一个 I 型系统（$N=1$），由式（8-7）可得

$$K_a = \lim_{s \to 0} s K_i G(s) \Rightarrow K_i = \frac{K_a}{\lim\limits_{s \to 0} s G(s)}$$

```
Ka = 10;
G = zpk([ ], [0 -2 -10], 20);          % 建立系统开环传递函数模型
Ki = Ka/dcgain(G * tf([1 0], 1))       % 计算积分增益系数
wc = 4.1;
[num, den] = tfdata(G, 'v');
numc = polyval(num, j * wc);
denc = polyval(den, j * wc);
Gjwc = numc/denc;                      % 校正前系统开环频率特性模型
theta = (-180+50.1) * pi/180;
Ejwc = cos(theta) +j * sin(theta);     % 计算 e^{jφ(ωc)}
sum = Ejwc/Gjwc+j * Ki/wc;             % 计算式（8-9）
Kp = real(sum)                         % 计算比例增益系数式（8-10）
Kd = imag(sum)/wc                      % 计算微分增益系数式（8-11）
Gc = tf([Kd Kp Ki], [1 0]);            % 校正装置传递函数
figure(1)
bode(Gc), grid                         % 绘制校正装置 Bode 图，如图 8-11 所示
figure(2)
bode(G, G * Gc), grid                  % 绘制校正前、后系统开环 Bode 图，如图 8-12 所示
[kg, ph, wp, wc] = margin(G * Gc)      % 计算幅值裕度、相位裕度、相位穿越频率、幅值穿越频率
```

执行结果为

```
Ki =

    10.0000

Kp =
```

6. 9713

Kd =

2. 3798

kg =

0

ph =

50. 0996

wp =

0

wc =

4. 0996

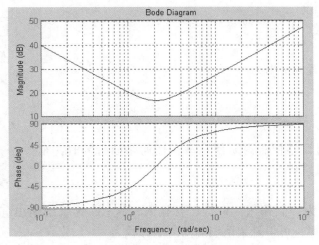

图 8-11　PID 控制器 Bode 图

　　由图 8-11 可知，PID 校正类似于相位滞后—超前校正；由计算结果和图 8-12 可知经过校正后，系统的各项设计指标均达到。

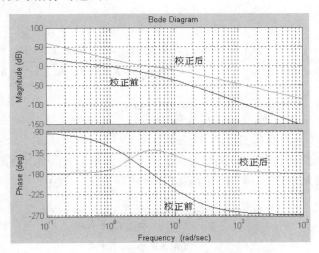

图 8-12　校正前、后系统开环 Bode 图

8.3 控制系统设计举例

8.3.1 汽车悬架系统控制

汽车悬架分为主动悬架和被动悬架两种类型。被动悬架不能根据行驶路面的情况调整悬架状态，因此当路面质量较差时车身振动大，舒适性差。主动悬架则可通过一个动力装置，根据路面情况适时调整悬架特性，使汽车行驶时始终保持车身平稳，舒适性好。图 8-13 所示为汽车的一个车轮主动悬架系统物理模型，其中

m_1：车身质量

m_2：簧下部分的质量

K_s：悬架弹簧刚度

b：悬架阻尼系数

K_t：轮胎刚度

u：悬架动力装置的输出力

W：路面位移

X_1：车身位移

X_2：悬架位移

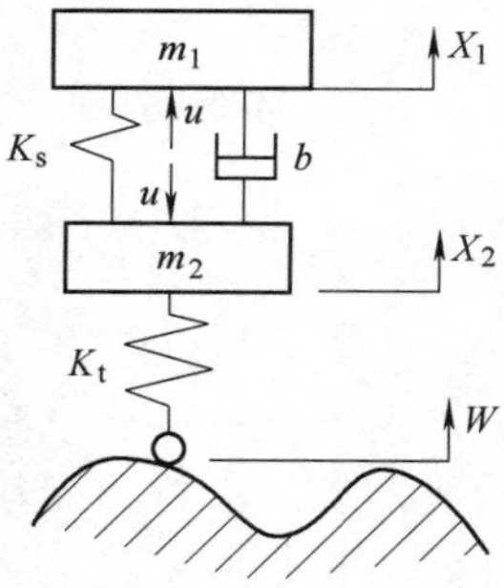

图 8-13 汽车主动悬架系统物理模型

控制目的：通过调整控制力 u 使汽车在任何路面行驶时，车身振动小，且振荡衰减快。

1. 系统建模

在该系统中，u 为控制输入，W 为干扰输入，X_1-X_2 为系统输出（反映了车身振动情况），由牛顿第二定律，可得悬架系统的动力学方程为

$$\begin{cases} m_1\ddot{X}_1 = K_s(X_2 - X_1) + b(\dot{X}_2 - \dot{X}_1) + u \\ m_2\ddot{X}_2 = -K_s(X_2 - X_1) - b(\dot{X}_2 - \dot{X}_1) - u + K_t(W - X_2) \end{cases} \tag{8-12}$$

令 $\widetilde{X} = X_1 - X_2$，可得

$$\begin{aligned} \widetilde{X}(s) &= \frac{[(m_1 + m_2)s^2 + K_t]U(s) - m_1 K_t s^2 W(s)}{m_1 m_2 s^4 + b(m_1 + m_2)s^3 + [K_t m_1 + K_s(m_1 + m_2)]s^2 + bK_t s + K_s K_t} \\ &= \left[U(s) - \frac{m_1 K_t s^2}{(m_1 + m_2)s^2 + K_t}W(s)\right]G_p(s) \\ &= [U(s) - G_f(s)W(s)]G_p(s) \end{aligned} \tag{8-13}$$

显然，车身的振动是路面位移和悬架动力装置产生的作用力共同作用的结果。

由式（8-13）可做出图 8-14 所示的系统开环控制框图，其中

$$G_f(s) = \frac{m_1 K_t s^2}{(m_1 + m_2)s^2 + K_t}$$

$$G_p(s) = \frac{(m_1 + m_2)s^2 + K_t}{m_1 m_2 s^4 + b(m_1 + m_2)s^3 + [K_t m_1 + K_s(m_1 + m_2)]s^2 + bK_t s + K_s K_t}$$

2. 构造闭环控制系统

路面的起伏为悬架系统的干扰输入，而系统的期望输出 $\tilde{X}=0$。图 8-15 为系统闭环控制框图，其中 G_c 为控制器。

$$G_c = \frac{Ts + 1}{aTs + 1}$$

即为相位超前校正环节（$0<a<1$）。

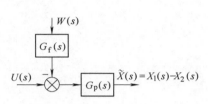

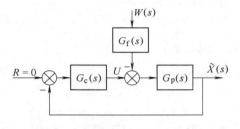

图 8-14　汽车悬架系统开环控制框图　　　图 8-15　汽车悬架系统闭环控制框图

3. 建立 MATLAB 模型

设系统参数为

$m_1 = 2500\text{kg}$

$m_2 = 320\text{kg}$

$K_s = 10000\text{N}/\text{m}$

$b = 140000\text{N} \cdot \text{s}/\text{m}$

$K_t = 10K_s$

控制器参数为

$a = 0.0019$

$T = 3.82$

MATLAB 程序如下：

```
m1 = 2500; m2 = 320; ks = 10000; b = 140000;
kt = 10 * ks;
nump = [m1+m2,0,kt];
denp = [m1 * m2,b * (m1+m2),kt * m1+ks * m1+ks * m2,b * kt,ks * kt];
Gp = minreal(tf(nump,denp));            % 以 R 为输入,X1-X2 为输出的系统模型(见图 8-14)
Gf = minreal(tf([m1 * kt,0,0],nump));   % 干扰通道传递函数
Gfp = minreal(-tf([m1 * kt,0,0],denp)); % 以 W 为输入,X1-X2 为输出的系统模型(Gf×Gp)
T = 3.82; a = 0.0019;
Gc = tf([T,1],[a * T,1]);               % 控制器(超前校正)模型
figure(1)
subplot(1,3,1),bode(Gp)                 % 未校正系统开环 Bode 图
title('Gp Bode Diagram')
subplot(1,3,2),bode(Gc)                 % 控制器 Bode 图
title('Gc Bode Diagram')
```

```
subplot(1,3,3),bode(Gc*Gp)            % 校正后系统开环 Bode 图
title('Gc*Gp Bode Diagram')
XW=-Gf*feedback(Gp,Gc,-1)             % 以干扰为输入的闭环传递函数
figure(2),
subplot(1,2,1),step(Gfp,20)           % 开环系统对阶跃干扰的响应
title('Gf*Gp step Response')
subplot(1,2,2),step(XW,20)            % 闭环系统对阶跃干扰的响应
title('Gb step Response')
Gp,Gfp,Gc,zpk(XW)
```

执行结果如下：

Transfer function：

$$\frac{0.003525\ s^2 + 0.125}{s^4 + 493.5\ s^3 + 347.7\ s^2 + 1.75e004\ s + 1250}$$

Transfer function：

$$\frac{-312.5\ s^2}{s^4 + 493.5\ s^3 + 347.7\ s^2 + 1.75e004\ s + 1250}$$

Transfer function：

$$\frac{3.82\ s + 1}{0.007258\ s + 1}$$

Zero/pole/gain：

$$\frac{-312.5\ s^2(s+137.8)}{(s+492.9)(s+137.8)(s+0.07153)(s^2+0.562s+35.46)}$$

图 8-16 分别给出了校正前系统开环 Bode 图、校正装置 Bode 图和校正后的系统开环 Bode 图。由图 8-16 可知，校正前系统的开环相位在 −90°附近发生剧烈变化，此时若提高系统开环增益或受到某种扰动，系统的相位裕度有可能成为负值，而使系统不稳定；经校正后，系统开环相位跳变点在 0°附近，因此系统的相位裕度得到改善。图 8-17 给出了系统开环（左图）和闭环（右图）对阶跃干扰的响应对比，校正后系统的抗干扰性能有了一定改善。当然相位超前校正对这种系统并不是一种理想的校正方式，此例仅为说明利用 MATLAB 进行控制系统设计的方法。利用根轨迹方法和现代控制理论中的状态反馈控制方法，均可取得相对较好的控制效果，可分别参见第 8 章习题中第 5 题和第 9 章习题中第 6 题。

8.3.2 阀控液压马达速度控制系统

一个经过线性化处理的阀控液压马达速度控制系统框图如图 8-18 所示。设计 PID 控制器 G_c，使系统对单位斜坡输入的稳态误差为 0.01，开环幅值穿越频率为 400rad/s，相位裕度为 50°。

1. 由稳态误差确定 K_i

这是一个 0 型系统，分别设液压马达和伺服阀的传递函数为 $G_1(s)$、$G_2(s)$，检测环

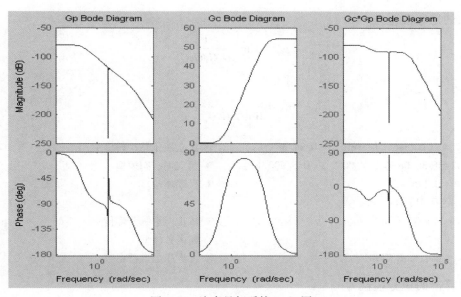

图 8-16　汽车悬架系统 Bode 图

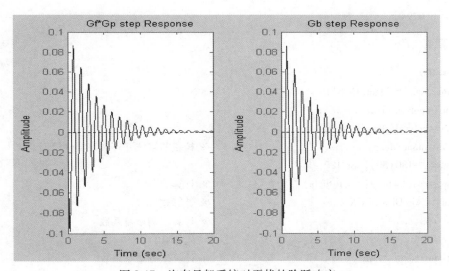

图 8-17　汽车悬架系统对干扰的阶跃响应

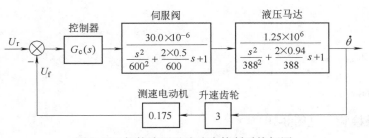

图 8-18　阀控液压马达速度控制系统框图

节增益为 G_h，以反馈通道的输出作为系统输出，将系统化为单位反馈系统，则系统对单位

斜坡输入的稳态误差为

$$\varepsilon_{ss} = \lim_{s \to 0} \frac{1}{sG_c G_1 G_2 G_h}$$

则

$$K_i = \frac{1}{\lim_{s \to 0} G_1 G_2 G_h} \cdot \frac{1}{\varepsilon_{ss}}$$

```
G1 = tf(1.25e6,[1/388^2,2*0.94/388,1]);      % 建立液压马达模型
G2 = tf(30.0e-6,[1/600^2,2*0.5/600,1]);      % 建立伺服阀模型
Gh = 0.175*3;                                % 反馈增益
Ess = 0.01;
G = G1*G2*Gh;                                % 校正前系统开环传
                                               递函数模型
Ki = 1/dcgain(G)/Ess                         % 计算积分增益系数
```

所计算出的积分增益为

```
Ki =
    5.0794
```

2. 计算 K_p、K_d

```
wc = 400;
[num,den] = tfdata(G,'v');
numc = polyval(num,j*wc);
denc = polyval(den,j*wc);
Gjwc = numc/denc;                            % 校正前系统开环频率特性模型
theta = (-180+50)*pi/180;
Ejwc = cos(theta)+j*sin(theta);             % 计算 e^{jφ(ω_c)}
sum = Ejwc/Gjwc+j*Ki/wc;                     % 计算式(8-9)
Kp = real(sum)                               % 计算比例增益系数
                                               式(8-10)
Kd = imag(sum)/wc                            % 计算微分增益系数
                                               式(8-11)
```

计算结果为

```
Kp =
    0.0836
Kd =
    7.6360e-05
```

3. 校正效果检验（见图 8-19）

```
Gc = tf([Kd Kp Ki],[1 0]);
bode(G,G*Gc),grid                            % 绘制校正前、后系统开环 Bode 图
```

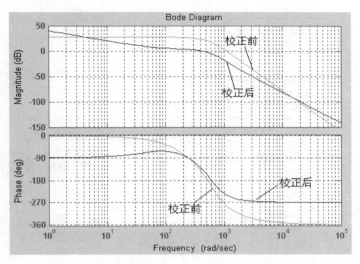

图 8-19　校正前、后系统开环 Bode 图

由图 8-19 可知，未校正的系统是不稳定的，而经 PID 校正后，系统的动、静态指标均达到设计要求。

习　题　8

1. 已知单位反馈系统，开环传递函数 $G(s) = \dfrac{2500}{s(s+20)}$，系统技术要求如下：

（1）系统相位裕度 $\gamma > 45°$。

（2）当单位斜坡输入时，稳态误差应小于或等于 1%。

试设计一超前校正装置，使系统满足上述要求。

提示：相位超前校正的步骤为

1）根据稳态性能要求，确定系统开环增益 K。

2）根据已确定的增益 K，计算未校正系统的相位裕度 γ_0。

3）确定需要增加的最大相位超前角 φ_m：$\varphi_m = \gamma - \gamma_0 + (5° \sim 10°)$。

4）由 $\alpha = \dfrac{1 - \sin\varphi_m}{1 + \sin\varphi_m}$，确定 α 值及最大相位超前角所对应的频率 ω_m，并取新的幅值穿越频率 $\omega_{cnew} = \omega_m$。

5）确定相位超前校正函数：$G_c = \dfrac{Ts+1}{\alpha Ts+1}$，$T = \dfrac{1}{\sqrt{\alpha}\,\omega_m}$。

6）确定校正后开环系统 Bode 图，验算系统指标。

2. 本章介绍的控制系统的常规设计方法，通常需要针对性能指标进行复杂的方程求解计算，即使用计算机求解也常感不便，这里介绍一种易于编程的寻优方法，可避免麻烦的求解，其编程框图如图 8-20 所示。

已知系统开环传递函数为

$$G(s) = \frac{k}{(s+5)(s+15)(s+89)}$$

试用寻优方法，求满足幅值裕度不小于 6dB，相位裕度不小于 30° 的最大的 k。

图 8-20 所示的寻优方法虽然编程简单，也适用于多参数优化，但需慎重选择步长，如果步长过大则会

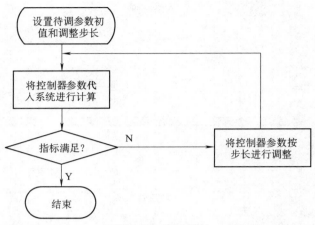

图 8-20　题 2 图

漏掉最优点，过小则增加计算时间。如没有把握可适当多试几次。

3. 某一伺服机构的开环传递函数为 $G(s) = \dfrac{7}{s(0.5s+1)(0.15s+1)}$，要求如下：

（1）画出 Bode 图，并确定该系统的幅值裕度、相位裕度以及速度误差系数。

（2）设计滞后校正装置，使其得到幅值裕度至少为 15dB 和相位裕度至少为 45°的特性。

4. 对第 7 章习题中第 5 题的直流电动机定位系统，进行转速控制，其等效闭环控制系统框图如图 8-21 所示。设电动机转动惯量（含负载）$J = 0.01\text{kg} \cdot \text{m}^2$，黏性摩擦系数 $c = 0.1\text{N/m} \cdot \text{s}^{-1}$，电动机力矩常数 $K_t =$ 电动势常数 $K_e = K = 0.01\text{N} \cdot \text{m/A}$，电枢电阻 $R_a = 1\Omega$，电枢电感 $L_a = 0.5\text{H}$。电压 V_a 经过一控制器 $G_c(s)$ 再加到电动机的电枢上，电动机的输出量是转轴的转速 $\dot{\theta}$，并假设电动机的转轴是刚性的。设计 PID 控制器，使系统的单位阶跃响应性能指标满足：调整时间小于 2s，超调量小于 5%，稳态误差小于 1%。

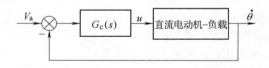

图 8-21　题 4 图

5. 根轨迹是指当系统某个参数（如开环增益 K）由零到无穷大变化时，闭环特征根在 s 平面上移动的轨迹。设 $G_k(s) = KL(s)$ 为系统的开环传递函数，K 为系统的开环增益，则系统的特征方程为 $1 + KL(s) = 0$，而根轨迹即为该方程中 K 取正实值时的一组 s 值，实际上也就是系统可能的闭环极点。MATLAB 提供的有关根轨迹的指令为

rlocus（sys）　　　　　　　　% 自动绘制根轨迹图

[R,K] = rlocus（sys）　　　　% 返回系统特征值 R 和增益 K

[K,POLES] = rlocfind（sys）　% 用鼠标在根轨迹图上选定极点，返回相应的开环增益 K 值和极点实际值 POLES

sgrid　　　　　　　　　　　% 在根轨迹平面上绘制阻尼比和等固有频率网格，阻尼比从 0.1～1，间隔 0.1；固有频率从 0～10rad/s，间隔 1rad/s

以上指令中的 sys 为系统开环模型。

可利用根轨迹进行闭环控制系统的设计。例如，可通过设置合适的开环增益 K，让闭环主导极点落在图 8-22 中的阴影区域内（对应复数极点的阻尼比大于等于 0.5），而使系统具有较好的动态响应。根据这一思路，试对图 8-15 所示的汽车悬架闭环控制系统，当其控制器为比例控制时，确定合适的开环增益 K（即控制器的比例增益），并绘制其单位阶跃响应曲线。

提示：设计步骤为

1）确定图 8-15 中以 R 为输入、$X_1 - X_2$ 为输出的系统开环传递函数 $G_p(s)$（$G_c(s) = K$ 由根轨迹确定）。

2）用指令 rlocus(Gp) 绘制系统的根轨迹图（可用指令 axis( ) 确定适当的坐标范围，以便选择合适的极点，用 sgrid 在图上绘制等阻尼比和等固有频率线）。

3）用指令 [K，ploes] = rlocfind(Gp)，在根轨迹图上选定合适的主导极点（见图 8-23），其所对应的开环增益将自动赋给 K。

4）确定图 8-15 中以 W 为输入、$X_1 - X_2$ 为输出的系统闭环传递函数 $G_{bf}(s) = G_f * G_p / (1 + G_p * K)$。

5）用 step( ) 指令绘制以 W 为输入的系统单位阶跃响应曲线。

该系统由于阻尼比很小，所以在根轨迹图上只能尽可能选阻尼比较大的主导极点。

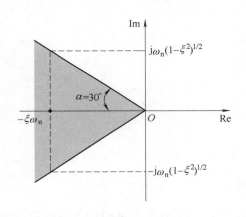

图 8-22 题 5-1 图

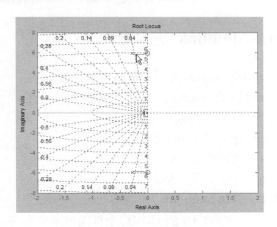

图 8-23 题 5-2 图

6. 计算 8.3.2 节的阀控液压马达速度控制系统在 PID 校正前后系统的幅值和相位裕度。

第 9 章　Simulink 动态仿真

　　Simulink 中的 "Simu" 一词表示可用于计算机仿真，而 "Link" 一词表示系统连接。Simulink 整体表示把一系列模块连接起来，构成复杂的系统模型，通过计算机进行仿真。Simulink 作为 MATLAB 的一个重要组成部分，具有上述两大功能以及可视化的仿真环境、快捷简便的操作方法，从而使 MATLAB 成为目前最受欢迎的仿真软件之一。

　　本章主要介绍 Simulink 的基本功能和基本操作方法，同时简要介绍 Simulink 功能的一个重要扩展——S-函数，并通过举例讲解如何利用 Simulink 进行系统建模和仿真。

9.1　Simulink 基本操作

　　利用 Simulink 进行系统仿真的步骤如下：

1）启动 Simulink，打开 Simulink 模块库。

2）打开空白模型窗口。

3）建立 Simulink 仿真模型。

4）设置仿真参数，进行仿真。

5）输出仿真结果。

9.1.1　启动 Simulink

　　单击 MATLAB 的 HOME 主页选项菜单中 Simulink 图标，或者在 MATLAB 命令窗口中输入 simulink，即弹出图 9-1a 所示的 Simulink Start Page（仿真开始页面）窗口，选择其中一项，点击进入，即弹出图 9-1b 所示的 Simulink（仿真）窗口，单击图标，弹出图 9-1c 所示的 Simulink Library Browser（仿真模块库浏览器）窗口，该界面的右边列出 Simulink 所有的子模块库。

　　MATLAB R2016b 的 Simulink 包含有 17 个子模块库。机电系统仿真常用的子模块库有 Sources（信号源）、Sinks（显示输出）、Continuous（线性连续系统）、Discrete（线性离散系统）、Math Operations（数学运算）、Discontinuities（不连续性或非线性系统）、Commonly Used Blocks（常用模块库）等。

　　每个子模块库中包含同类型的标准模型模块，这些标准模块可直接用于建立系统的 Simulink 框图模型。可按以下方法打开子模块库：

　　● 用鼠标左键双击某子模块库，Simulink 模块库浏览器窗口右边区域即显示该子模块库包含的全部标准模块。

　　● 用鼠标右键单击 Simulink 模块库展开目录中的子模块，则弹出一菜单条，单击该菜单条即弹出该子库的标准模块窗口。如单击图 9-2a 中的【Sinks】，出现 "Open the 'Sinks' Library" 菜单条，单击该菜单条，则弹出图 9-2b 所示的该子库的标准模块窗口。

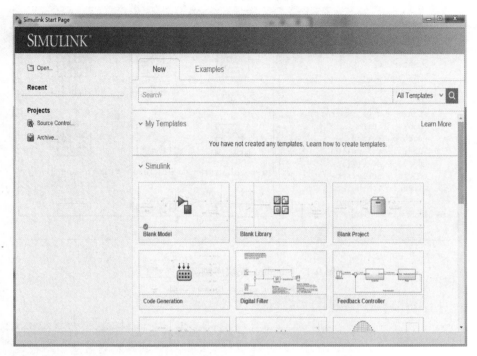

a)

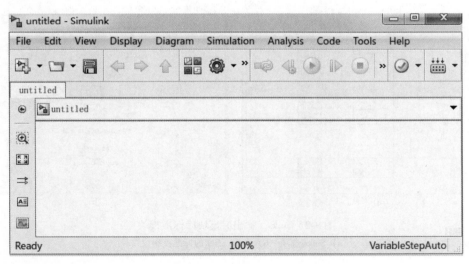

b)

图 9-1　Simulink 模块库浏览器

a）Simulink Start Page 窗口　b）Simulink 窗口

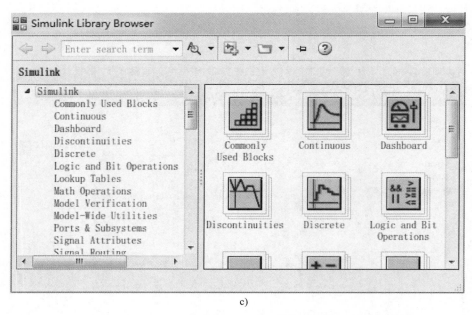

图 9-1 Simulink 模块库浏览器 (续)

c) Simulink Library Browser 窗口

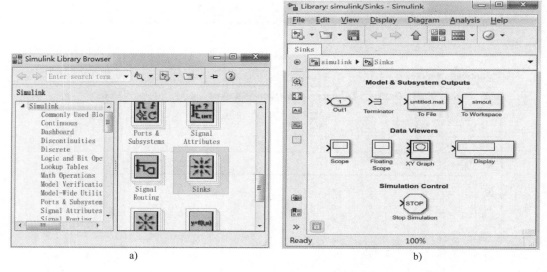

图 9-2 Sinks (输出) 模块库标准模块

a) Sinks 选项 b) Sinks 子库的标准模块窗口

9.1.2 打开空白模型窗口

模型窗口用来建立系统的仿真模型。只有先创建一个空白的模型窗口,才能将模块库中相应模块复制到该窗口,通过必要的链接,建立起 Simulink 仿真模型。通常将这种窗口称为 Simulink 仿真模型窗口。

以下方法可用于打开一个空白模型窗口：

- 在 MATLAB 的 HOME 主页选项界面中单击：【New】→【Simulink Model】。
- 单击 Simulink Start Page 窗口中的 Blank Model 图标 📭 。

打开的空白模型窗口如图 9-3 所示，对窗口中的部分重要键的功能进行了标注。

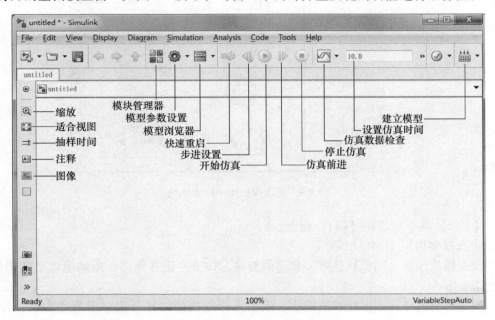

图 9-3　Simulink 空白模型窗口

9.1.3　建立 Simulink 仿真模型

在 Simulink 模型库相应子库中选择所需的模块，直接拖入打开的 Simulink 空白模型窗口，通过简单参数设置和连接，即可建立起 Simulink 仿真模型。下面介绍建立 Simulink 仿真模型的基本步骤。

1. 选取建模所需模块

1）首先分析建模所需的模块特性，判断其可能属于 Simulink 模型库的哪一类子库（可能所需模块分布在不同的子库中），然后找到相应位置并打开子库。

2）在打开的子库中选取所需的模块，在 Simulink 子模块库窗口内，单击所需模块图标，图标背景加深，表明该模块已经选中。如图 9-4 中表示已经选中积分模块。可以一次选取同一子库的多个模块。

2. 模块复制及删除

从 Simulink 模块库、子模块库或其他模型窗口中复制所需的模块并移动至自己的 Simulink 仿真模型窗口的过程，称为模块复制。模块的复制方法有两种。

- 在模块库或其他模型窗口中选中模块后，按住鼠标左键不放并移动鼠标至目标模型窗口指定位置，然后释放鼠标。在模块库或其他模型窗口中选中模块后，从【Edit】菜单中选取【Copy】命令；单击目标模型窗中指定位置，再从【Edit】菜单中选取【Paste】命令。这种方法也适用于同一窗口内的模块复制。模块的删除则只需选定要删除的模块，按<Del>

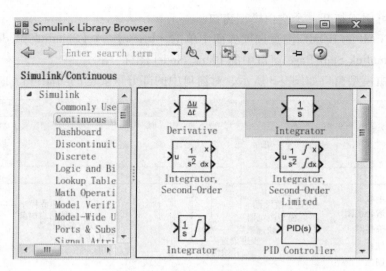

图 9-4　选取模块库中标准模块

键或从【Edit】菜单中选择【Cut】命令。

3. 仿真模型窗口中的模块调整

● 改变模块位置：用鼠标选取要移动的模块，按下左键并保持，拖动模块至期望位置，然后松开鼠标。

● 改变模块大小：用鼠标选取模块，模块图标线框的四角会出现黑色小方块，鼠标对准其中任一黑方块，即出现斜双向箭头，按下左键拖动鼠标即可改变模块大小。

● 改变模块方向：使模块输入输出端口的方向改变。选中模块后，选取菜单【Rotate&Flip】中的【Clockwise】选项，每操作一次模块旋转 90°，或按快捷键 Ctrl+R，结果相同。

4. 模块参数设置

用鼠标双击指定模块图标，打开模块参数设置对话框，根据对话框栏目中提供的信息进行参数设置或修改。

Transfer Fcn

图 9-5　标准传递函数模块

例如，要将仿真模型窗口中的标准传递函数模块（见图 9-5），设置为 $\dfrac{10}{s^2 + 1.4s + 10}$，双击该传递函数模块，在弹出的参数设置对话框中输入实际的传递函数的分子、分母系数，如图 9-6a 所示，则图 9-5 的传递函数模块变成图 9-6b 所示的形式。如果模块尺寸太小不足以显示该传递函数，则会显示成变量形式，如图 9-6c 所示，这时只需将模块调至合适大小，即可成为图 9-6b 的形式。

模块参数设置也可设置成变量形式。例如可将图 9-6a 中分子、分母分别设置成 A、B，则传递函数模块显示为图 9-6d 的形式，但 A、B 应在 MATLAB 命令窗口预先定义，否则该模块不能被激活。

5. 模块的连接

模块之间的连接线是信号线，表示标量或向量信号的传输，连接线的箭头表示信号流向。连接线将一个模块的输出端与另一模块的输入端连接起来，也可用分支线把一个模块的

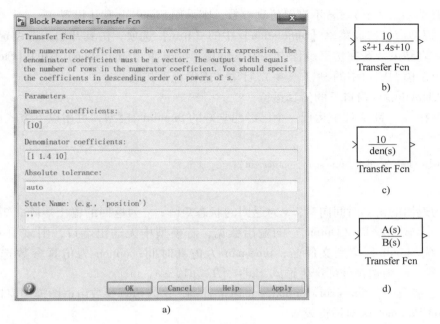

图 9-6　模块参数设置

a) 参数设置对话框　b) 确定参数显示　c) 变量形式显示　d) 变量设置形式显示

输出端与几个模块的输入端连接起来。

● 模块间连接线的生成方法：将鼠标置于某模块的输出端口（显示一个十字光标），按下鼠标左键拖动鼠标至另一模块的输入端口释放。也可采用快速连接法，即选取源模块后，按住<Ctrl>键，再用鼠标左键单击目标模块，则两模块自动连接。

● 分支线的生成方法：将鼠标置于分支点；按下鼠标右键，看到光标变为十字（或者按住<Ctrl>键，再按下鼠标左键）；拖动鼠标至另一模块的输入端口释放。

6. 模块文件的取名和保存

新创建的模型窗口是未命名的（见图 9-3），为了使建好的 Simulink 仿真模型能够重复使用，可以将其保存为 Simulink 模块文件，文件后缀 .mdl。具体方法是：选择模型窗口菜单【File】中的【Save as】选项后，弹出一个 Save as 对话框，填入模型文件名，单击【Save】按钮即可。

9.1.4　系统仿真运行

运行已经建立好的 Simulink 仿真模型有两种方式：一是直接在 Simulink 模型窗口下仿真运行，二是在 MATLAB 命令窗口下仿真运行。

1. Simulink 模型窗口下仿真运行

Simulink 模型窗口下仿真是最简单的仿真运行方式。具体步骤如下：

1）单击 MATLAB 主界面或 Simulink 模型库浏览器的菜单栏的【File】中的【Open】选项或直接单击🗀均可打开一个已经建立的 Simulink 仿真模型窗口或指定的 .mdl 文件。

2）在模型窗口选取菜单【Simulation】中的【Model Configuration Parameters】选项，弹出 Configuration Parameters 对话框，设置仿真参数，然后按【OK】按钮即可（有关仿真参数

的具体设置见 9.2.2 节)。若不设置仿真参数,则采用 Simulink 默认设置。

3)在模型窗口选取菜单【Simulation】中的【Run】选项,仿真开始,至设置的仿真终止时间,仿真结束。若在仿真过程中要中止仿真,可选择【Simulation】中的【Stop】选项。也可直接单击模型窗口中的 ▶ (或 ■)启动(或停止)仿真。

2. MATLAB 命令窗口下的仿真运行

如果要在一个 M 文件中运行一个已经建立好的 Simulink 模型,可用以下方式进行调用,其格式为

$$[t, x, y] = sim('model', timespan, option, ut)$$

[说明]

- t 为返回的仿真时间向量;x 为返回的状态矩阵;y 为返回的输出矩阵,矩阵中的每一列对应一个输出端口(Output)的输出数据,若模型中无输出端口,则该项为空矩阵;model 为系统 Simulink 模型文件名;timespan 为仿真时间;option 为仿真参数选择项,由 SIMSET 设置;ut 为选择外部产生输入,$ut = [T, u1, \cdots, un]$。

- 上述参数中,timespan,option,ut 通常省略,这时仿真参数由框图模型窗口的 Model Configuration Parameters 对话框设置。

有关 sim( )指令的具体使用可参见 9.4.3 节。

9.1.5 仿真结果的输出和保存

Simulink 提供以下三种方式观察、保存仿真的过程和结果,在 9.2.1 节中将对有关模块进行详细介绍。

1. 利用 Scope 模块

Scope 模块在 Sinks 模块库中,主要用于在模型窗口内实时显示信号的动态过程。也可利用 Scope 模块输出数据到工作空间。

2. 利用 Out 模块

Out 模块在 Sinks 模块库中,可实现将仿真数据保存在 MATLAB 工作空间中,供调用和分析,常与 sim( )指令配合使用(见 9.4.3 节)。

3. 利用 To Workspace 模块

To Workspace 模块也在 Sinks 模块库中,它也可以输出系统中的任何一个信号至 MATLAB 工作空间。

9.2 模块库和系统仿真

Simulink 仿真软件的优势在于其建立仿真模型的快捷、方便,而其建模过程很简单只需将模块库里的模块拼搭在一起。本节重点介绍一些常用的 Simulink 模块库、模块库中常用的模块及其一般的使用方法。

9.2.1 Simulink 模块库

虽然不同版本的 Simulink 模块库的构成略有不同,但只要熟悉其中任何一个版本,就能够熟练使用其他版本的 Simulink。一般来讲,高版本的 Simulink 模块库的内容更为丰富,层次更加清晰,使用更为方便。

1. Sources 库

Sources 库也可称为信号源库,该库包含了可向仿真模型提供信号的模块。它没有输入口,但至少有一个输出口。表 9-1 列出了一些常用的信号源库的模块。

在表 9-1 中的每一个图标都是一个信号模块,这些模块均可拷贝到用户的模型窗口里。用户可以在模型窗口里根据自己的需要对模块的参数进行设置。

表 9-1　Sources 库常用模块

名　称	图　标	功　能	说　明
Clock	Clock	仿真时钟	用于显示或提供仿真时间
Constant	1 Constant	恒值输出	产生一个常数值(提供一个恒值信号),该数值可设置
From File	untitled.mat From File	从文件读数据	从 MAT 文件获取信号矩阵。信号以行存放,第一行为时间。其余每行存放一个信号序列
From Workspace	simin From Workspace	从工作空间读数据	以列方式存放的信号矩阵 $[T, U]$ 必须存在于 MATLAB 工作空间。T 为时间列向量;U 是与 T 行数相等的矩阵,每列为一个信号序列
In *	1 In1	输入端口	表示系统的输入端子,用于接收工作空间及其他系统模型传来的数据
Ground	Ground	接地	用于给模型窗中有悬置输入端口的模块产生一个接地信号(0 值),以免在仿真运行时 MATLAB 发出警告信息。
Signal Geneator	Signal Generator	信号发生器	可通过设置产生不同幅值、周期的正弦、方波、锯齿波和随机波信号
Sine Wave	Sine Wave	输出正弦波	可设置正弦波的幅值、相位、频率
Step	Step	输出阶跃信号	阶跃时刻、阶跃前后的幅值可设置

此外还有 Repeating Sequence(三角波信号)、Band-Limited White Noise(有限带宽白噪声)、Chirp Signal(蜂鸣信号)等。

2. Sinks 库

该库包含了显示和输出 Simulink 仿真过程和结果的模块。该库的常用模块如表 9-2 所示，其中的示波器将作专门介绍。

（1）Sinks 库一览表　Sinks 库常用模块如表 9-2 所示。

表 9-2　Sinks 库常用模块

名　称	图　标	功　能	说　明
Display	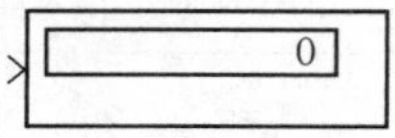 `0` Display	数值显示	Format 栏设置显示数值格式；Decimation 栏设置显示数据的抽选频度，n 为隔（$n-1$）点显示；Sample time 栏设置显示时间间隔
Out	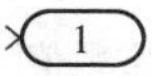 `1` Out1	输出端口	表示系统的输出端子，用于传递数据给工作空间或其他系统模型
Scope	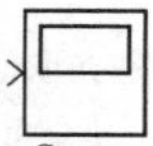 Scope	示波器	显示实时信号，也可以将其设置为浮动示波器（Floating Scope）
Stop	 STOP Stop Simulation	终止仿真	可接收向量输入，任何分量非零时就结束仿真
Terminator	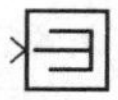 Terminator	信号终结	连接到输出闲置的模块输出端，可避免出现警告
To File	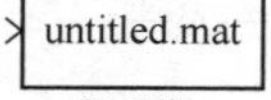 untitled.mat To File	写数据到文件	以行方式保存时间或信号序列到以带扩展名 MAT 的数据文件，可设置抽取频度
To Workspace	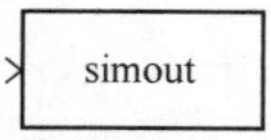 simout To Workspace	写数据到工作空间里定义的矩阵变量	以列方式保存时间或信号序列
XY Graph	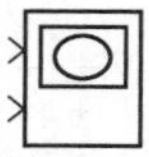 XY Graph	X-Y 绘图仪	将两路输入分别作为示波器的两个坐标轴，可绘制信号的相轨迹. 可设置 X、Y 轴的坐标范围

（2）示波器　双击示波器图标，即弹出图 9-7 所示的示波器窗口。

- 示波器窗口的工具栏　示波器工具栏上各按键的含义如图 9-7 所示。
- 示波器属性对话框　该对话框有四个选项：第一个选项为 Main，如图 9-8 所示；第

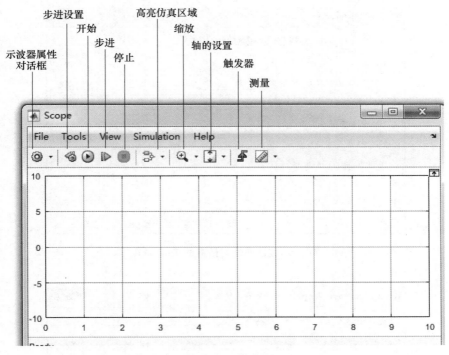

图 9-7　示波器窗口

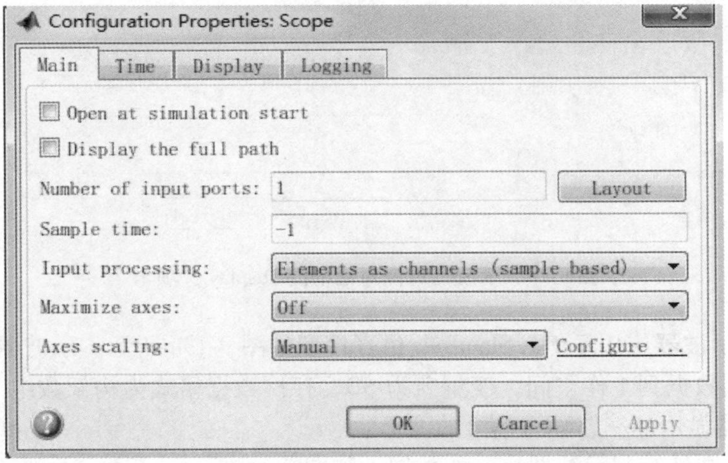

图 9-8　示波器属性对话框的 Main 选项卡

二个选项为 Time，如图 9-9 所示；第三个选项为 Display，如图 9-10 所示；第四个选项为 Logging，如图 9-11 所示。

● 示波器纵坐标设置　在示波器坐标框内单击【View】选择【Configuration Properities】鼠标右键，弹出一个现场菜单；选中【Display】选项卡，弹出纵坐标设置对话框，如图 9-12 所示，可填上所希望的纵轴下限、上限及图形标题。

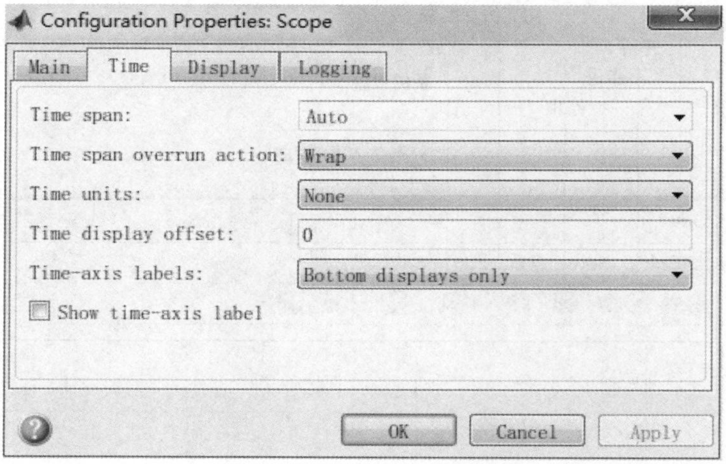

图 9-9 示波器属性对话框的 Time 选项卡

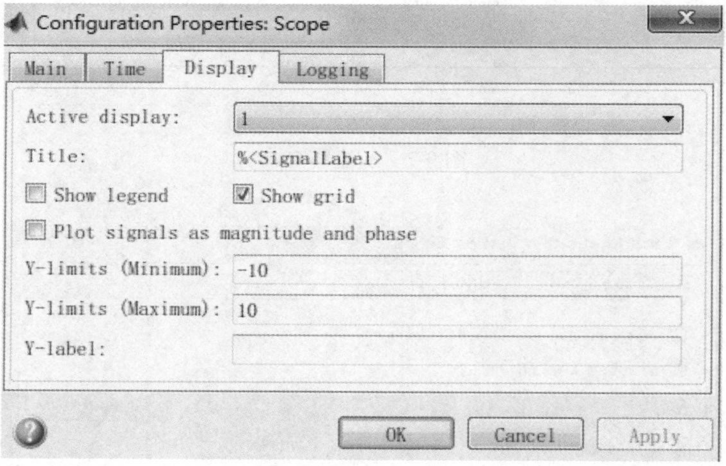

图 9-10 示波器属性对话框的 Display 选项卡

【例 9-1】 示波器应用示例。Simulink 仿真模型如图 9-13a 所示。示波器输入为 3 (Y 轴个数为 3), 存储数据到工作空间, 变量名为 SD, 存储数据格式为构架数组 (Structure)。图 9-13b 为该示波器显示的三路输入信号的波形。

编写以下 M 文件绘制示波器接受的数据, 如图 9-14 所示。

```
clf
x1 = SD. signals(1,1). values;     % 信号发生器的输出方波
x2 = SD. signals(1,2). values;     % 传递函数对方波的响应
x3 = SD. signals(1,3). values;     % 正弦波
plot(tout,x1,':',tout,x2,'r',tout,x3,'k-. ')
legend('x1','x2','x3')
```

设定缓冲区接收数据的
长度，勾选为默认状态，
其值为5000

确定示波器数据是否保
存到MATLAB工作空间。
若勾选，则为保存，且
需确定变量名和保存格
式(默认时，不被勾选)

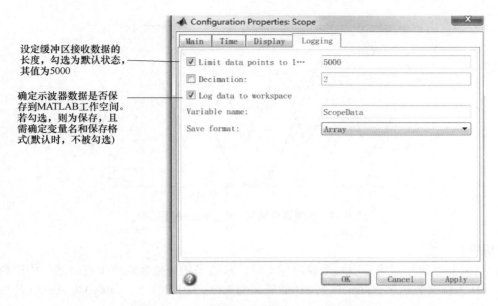

图 9-11　示波器属性对话框的 Logging 选项卡

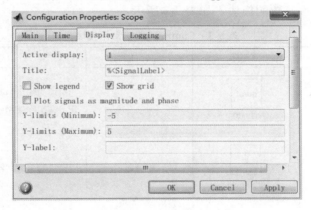

图 9-12　y 轴属性对话框

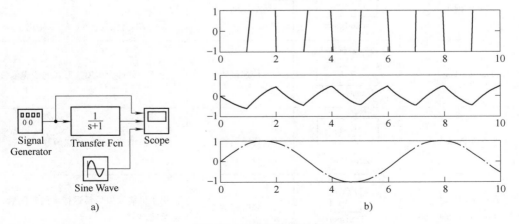

图 9-13　示波器应用示例

a）Simulink 仿真模型　b）示波器显示的三路输入信号的波形

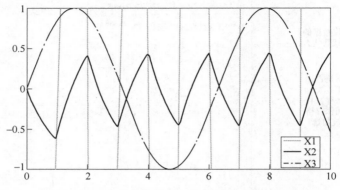

图 9-14 示波器存储到工作空间的数据绘制

[说明]

● 当示波器的输入信号序列个数超过 1 时，只能采用构架数组或带有时间的构架数组。

● SD 为构架数组名；signals 是 SD 的域，为 1×3 的构架数组；values 为 signals 的域。

3. Continuous 库

该库包含描述线性函数的模块，如表 9-3 所示。

表 9-3　Continuous 库常用模块

名　称	图　标	功　能	说　　明
Derivative	du/dt Derivative	数值微分器	模块的输出为其输入信号的一阶数值微分。在实际使用中应尽量避免使用该模块
Integrator	$\frac{1}{s}$ Integrator	积分器	模块输出为其输入信号的积分
State-Space	x'=Ax+Bu y =Cx+Du State-Space	状态空间方程	$A \in \boldsymbol{R}^{n \times n}$，$B \in \boldsymbol{R}^{n \times p}$，$C \in \boldsymbol{R}^{q \times n}$，$D \in \boldsymbol{R}^{q \times p}$ $u \in \boldsymbol{R}^p$ 为输入，$y \in R^q$ 为输出
Transfer Fcn	$\frac{1}{s+1}$ Transfer Fcn1	传递函数	分子、分母为多项式形式的传递函数
Zero-Pole	$\frac{(s-1)}{s(s+1)}$ Zero-Pole	传递函数	零极点增益形式的传递函数
Transpot Delay （或 Variable Transpot Delay）	Transport Delay	延时环节	用于将输入信号延迟指定的时间后，传输给输出

［说明］　Integrator（积分）模块在仿真时应注意对其进行设置，包括积分器初始值、积分器输出的最大和最小值以及复位方式等。

4. Discontinuities 库

该库包含描述非线性函数的模块，如表 9-4 所示。

表 9-4　Discontinuities 库常用模块

名　称	图　标	功　能	说　明
Coulomb & Viscous Friction	Coulomb & Viscous Friction	库仑粘滞摩擦非线性	库仑摩擦的幅值及粘性摩擦的系数可设置
Dead Zone	Dead Zone	死区非线性	死区的范围可设置
Rate Limiter	Rate Limiter	变化率限制	限制信号的变化速率，斜率可设置
Saturation	Saturation	饱和环节	限制信号的幅值，幅值范围可设置
Quantizer	Quantizer	量化器	对输入信号进行量化处理，将平滑信号转变为阶梯信号，量化值可设置
Hit Crossing	Hit Crossing	捕获穿越点	将输入信号与模块内设置的参数值进行比较，若信号不等于或一直等于该值，则模块输出为 1，否则为 0
Wrap To Zero	Wrap To Zero	限零	当输入信号超过在模块内预先设置的阈值时，模块输出 0；否则输出为 1

［说明］　表 9-4 中的 Saturation（饱和）、Dead Zone（死区）、Rate Limiter（速率限制）模块还有对应的动态结构，即通过外加到模块的控制信号动态调节模块的设置参数。

5. Math Operations 库

该库中模块的功能就是将输入信号按照模块所描述的数学运算函数计算，并把运算结果作为输出信号输出。一些常用的模块如表 9-5 所示。

表 9-5　Math Operations 库常用模块

名　称	图　标	功　能	说　明
Abs	|u|　Abs	求绝对值	输出为输入信号的绝对值

（续）

名　称	图　标	功　能	说　明
Gain	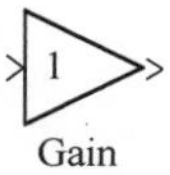 Gain	增益函数	将输入信号乘上指定的增益
Math Function	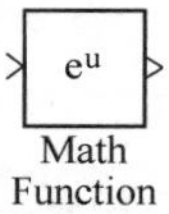 Math Function	实现一个数学函数	通过参数设置对话框，可选取指数函数、对数函数、幂函数、开平方函数等
Sign	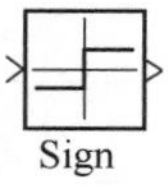 Sign	符号函数	模块的输出为输入信号的符号
Product	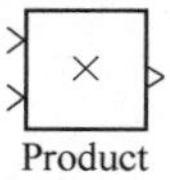 Product	乘法器	将标量或矩阵输入相乘（或除）后的结果输出，输入数据的类型必须一致
Dot Product	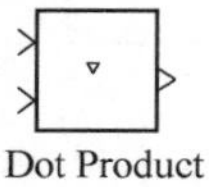 Dot Product	点积	对两个输入向量做点积运算，向量的元素可以是复数，但元素的个数必须相等
Sum		加法器	该模块为求和装置，其形状、输入信号个数和符号可由参数框设置
Sum of Elements	 Sum of Elements	元素求和	有两种用途，其一与加法器相同；其二是只有一个输入时直接对输入向量的元素求和。可通过设置选择其中的一种用途
Bias	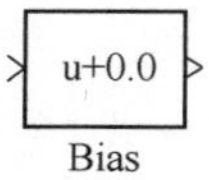 Bias	设置偏差	该模块的输出为输入加所设置的偏差

　　[说明]　表9-5中的 Product（乘积）可通过设置做除法运算；Sum（求和）和 Sum of Elements（元素求和）模块，也均可通过设置做加、减法运算，其图标的形状也可通过设置加以改变。

　　6. Signals Routing 库

　　该库用于对仿真模型窗口中的模块间信号的传递进行控制，与控制系统动态仿真有关的一些常用模块如表9-6所示。

表9-6　Signals Routing 库常用模块

名　称	图　标	功　能	说　明
Demux		信号分路器	将混路器输出的信号依照原来的构成方法分解成多路信号

（续）

名　称	图　标	功　能	说　　明
Switch	Switch	切换开关	若中间的输入信号大于或等于预先设定的阈值，则顶部的输入被接通，否则底部的输入被接通
Mux		信号合成器	将多路信号依照向量的形式混合成一路信号
Bus Creator		总线信号生成器	可从多路输入信号中选择部分或全部生成总线信号
Bus Selector		总线信号选择器	用于选择总线信号或合成信号中的一个或多个
Selector	Selector	选路器	从多路输入信号中，按希望的顺序输出所需路数的信号

　　将例 9-1 中 Simulink 仿真模型的示波器的输入用混路器，如图 9-15a 所示，则示波器将显示如图 9-15b 所示的图形（示波器的 Y 轴个数仍为 1）。

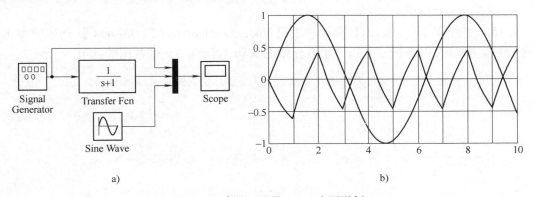

a)　　　　　　　　　　　　　　b)

图 9-15　采用 Mux 的 Scope 应用举例

7. User-Defined Functions 库

该库是 Simulink 提供的一个用户可以自己定义的功能扩展模块库，如表 9-7 所示。

表 9-7　User-Defined Functions 库常用模块

名　称	图　标	功　能	说　　明
MATLAB Fcn	MATLAB Function MATLAB Fcn	MATLAB 函数模块	利用 MATLAB 函数对输入信号进行计算后，将结果输出

（续）

名 称	图 标	功 能	说 明
MATLAB Function	u ▶ y fcn MATLAB Function	嵌入式 MATLAB 函数模块	通过嵌入的 M-函数文件对输入信号进行计算，并将结果输出
S-Function	system S–Function	S-函数模块	用户可通过自己编写的 S-函数开发新的功能
Fcn	f(u) Fcn	函数功能模块	可利用 MATLAB 提供的各种数学函数及其组合实现对输入信号的计算

8. 其他模块库

Discrete（线性离散系统）模块库对于离散时间系统的仿真是非常方便的，因篇幅所限在此不做进一步介绍，可参阅书后文献［4］~［9］、［16］。此外还有 Ports & Subsystems（端口与子系统）模块库以及其中一些重要模块的具体使用方法，将在本章余下的几节中进行介绍。

9.2.2 Simulink 环境下的仿真运行

有了丰富的 Simulink 模块库资源，建立 Simulink 的系统仿真模型已是一件比较轻松的工作。但对建好的系统模型进行仿真并取得预期效果仍需要了解 Simulink 仿真运行的环境。

1. 仿真参数对话框

选择模型窗口【Simulation】菜单中的【Model Configuration Parameters】选项将弹出仿真参数对话框如图 9-16 所示。以下重点介绍图 9-16 对话框中几个常用的选项。

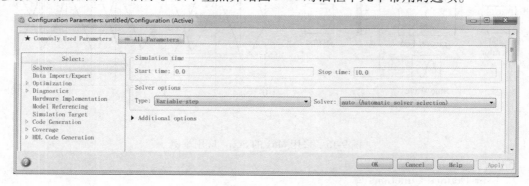

图 9-16　仿真参数对话框

（1）Solver 选项　【Configuration Parameters】中的【Solver】（解法器）选项如图 9-16 所示。设置内容如下：

● Simulation time（仿真时间）设置 Start time（仿真开始时间）和 Stop time（仿真终止时间）可通过页内文本框内输入相应数值，单位"秒"。另外，用户还可以利用 Sinks 库中的 Stop 模块来强行中止仿真。

● Solver options（仿真算法选择）分为定步长算法和变步长算法两类。定步长支持的算法如图 9-17 所示，并可在 Fixed step size 文本框中指定步长。若选择 auto，则由计算机自动确定步长，离散系统一般默认地选择定步长算法，在实时控制中则必须选用定步长算法；变步长支持的算法如图 9-18 所示，对于连续系统仿真一般选择 ode45，步长范围使用 auto。有关算法的选择可参见 6.2.1 节或文献 [11]。

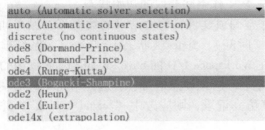

图 9-17　定步长可选算法

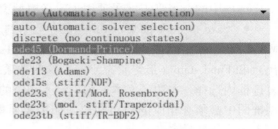

图 9-18　变步长可选算法

● Relative tolerance（相对误差）：算法的误差是指当前状态值与当前状态估计值的差值，而相对误差则指该误差相对于当前状态的值，默认值为 $1e^{-3}$，即精确到 0.1%。

● Absolute tolerance（绝对误差），如果选 auto，则绝对误差的容限为 $1e^{-6}$。

（2）Data Import/Export 选项　选择仿真参数对话框中的【Data Import/Export】（仿真数据入口/出口）选项，对话框的界面将如图 9-19 所示，该选项主要用于设置仿真中从工作空间获取和保存数据。

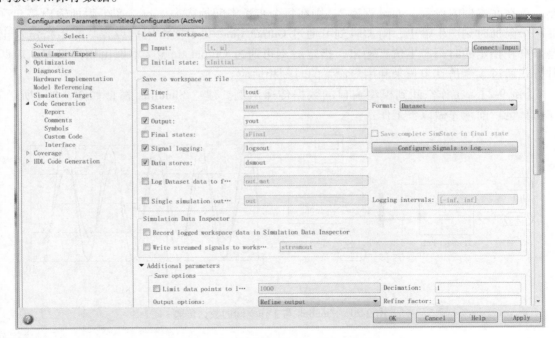

图 9-19　Data Import/Export 界面

● Load from workspace（从工作空间调入数据）在仿真过程中，从 MATLAB 工作空间调入数据到 Simulink 框图模型的输入端口。在设置时，首先选中【input】复选框，然后在其右边的文本框中键入输入数据的变量名。

输入数据有以下几种格式供选择：数组、构架数组、包含时间数据的构架数组。

若输入数据采用数组形式，且采用默认方式 [t, u]，其中 t 为一维列向量，则输入数组 u 的列数应和输入端口的个数相同，行数和 t 向量相同。在系统仿真前该数据应已存在于 MATLAB 工作空间中。

选项中的 Initial state 子项用于定义模型窗中需从工作空间获取的初始状态。

• Save to workspace or file（保存数据到工作空间或文件）仿真结果的数据可以保存到 MATLAB 工作空间或文件，这些数据包括 Time（时间）、States（状态）、Output（系统输出）和 Final state（最终状态）等。这些选项可在 Workspace I/O 的 Save to workspace 框内的复选框内选择，右边的文本框内可键入相应的变量名。应该注意的是，若选择 Output，则模型框图中必须有相应的输出端口。如果需要保存仿真记录，则应选中"Signal lossing"，并填入相应的变量名。

• Save options（存储选项）用于设置存储数据到工作空间的数据长度（Limit data points to last 选项）、数据存储的格式（Format 下拉列表框，可选数组、构架数组和包含时间数据的构架数组）以及抽样率（Decimation 文本框，确定两相邻存储数据间隔的点数，若为 1，则保存所有的数据；若为 2，则隔 1 个数据保存一次）。

• Output options（输出选项）它有 Refine output（细化输出）、Produce additional output（产生附加输出）、Produce specified output only（只产生指定输出）。细化输出是指可以增加输出数据的点数，使输出更加平滑。数据点数增加的数量由 Refine factor（细化系数）来控制，可在文本框内设置。如设置为 2，则在每个步长中间插入一个点。产生附加输出是允许在一个附加时刻产生输出，附加时刻可通过 Output time 文本框由用户设置。产生指定输出是只有在指定的时刻产生仿真输出，指定时刻可通过 Output time 文本框由用户设置。后两种方式通过改变仿真步长来和用户设置的时刻相适应。

【例 9-2】 工作空间到模型窗口的数据传递示例。建立 Simulink 模型如图 9-20a 所示，在仿真运行前须先做以下工作：

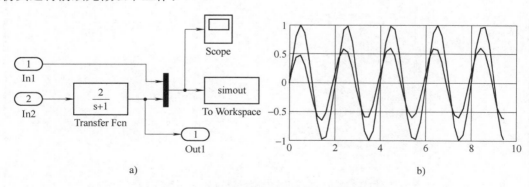

a)   b)

图 9-20 Simulink 与工作空间的数据传递

1）在【Data Import/Export】选项的 Load from workspace 栏中勾选【Input】复选框，在 Save to workspace 栏中勾选【Time】、【Output】复选框，均选择默认的变量名；在 Save options 选项组中选择数据格式为 Array。

2）在工作空间中定义变量 t、u，可设

t=(0:0.01:3*pi)';
u=[sin(pi*t),cos(pi*t)];　% 必须是 2 列,对应 In1 和 In2

［说明］ 此时系统的仿真时间由输入的 t 决定，应将 Solver 中的 Start time 文本框和 Stop time 文本框按 t 设置，即分别设为 0 和 3*pi。

启动 Simulink 仿真运行，图 9-20b 显示了第一路输入和系统的输出，并且在工作空间中生成了 tout、yout 和 simout 三个数组。其中 tout 为仿真运行的时间向量（与 t 不同），yout 为系统输出（对应 Out1），simout 内容与示波器显示的信号相同。

（3）Diagnostics 选项　该选项分为 Sample Time（采样时间）、Data Integrity（数据兼容性）等 7 个异常情况诊断子项，在每个子项下的列表框中主要列举了一些常见的事件类型以及当 Simulink 检查到了这些事件时给予什么样的处理（由用户确定）。

有关仿真参数对话框的详细介绍可参阅文献［13］、［17］。

2. Simulink 中的 LTI Viewer

在 Simulink 中建立的仿真模型也可直接输入到 LTI Viewer 中进行分析，具体方法如下：

1）在 Simulink 模型窗建立起仿真模型（线性系统，见图 9-21a）。

2）用鼠标右键分别单击图 9-21a 中系统的输入和输出信号线，在弹出的下拉菜单中分别选择【Linear Analysis Points】中的【Input Perturbation】选项和【Linear Analysis Points】中的【Output Measurement】选项，则在系统中分别引入了与 LTI Viewer 进行信号传递的输入和输出的接点，如图 9-21b 所示。

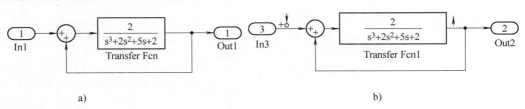

a)　　　　　　　　　　　　　b)

图 9-21　仿真模型的输入输出接点

3）单击 Simulink 模型窗上的 Analysis →Control Design →Linear Analysis，弹出一个 Linear Analysis Tool（线性分析工具）窗口（见图 9-22），在 LINEAR ANALYSIS 子项的 Analysis I/Os 选项卡点击 Create New Linearization I/Os，会弹出如图 9-23 所示的窗口，返回 Simulink 模型窗，选中整个程序框图，此时会看到 Create linearization I/Os set 窗口变成如图 9-24 所示，可以看到模型窗上的两个输入、输出节点均已被激活，将输入、输出节点添加到右侧，然后点击带有 STEP 的图标，则 Simulink 自动打开装有图 9-21 所示系统的 LTI Viewer 仿真界面，并按默认设置绘制单位阶跃响应曲线，如图 9-25 所示。表明 Simulink 中的仿真模型已和 LTI Viewer 相连接，因此可利用 LTI Viewer 对该系统进行分析。

4）如果在 Simulink 模型窗对已输入到 LTI Viewer 中的模型进行了修改，应重复步骤 3）重新装入模型，并删除掉旧模型。方法是单击 Linear analysis 仿真界面上的【Analysis I/Os】子选项卡，选择末尾的 Edit，对模型进行删除菜单中的【Delete systems】选项，在弹出的对话框中，进行模型的删除，如图 9-26 所示。

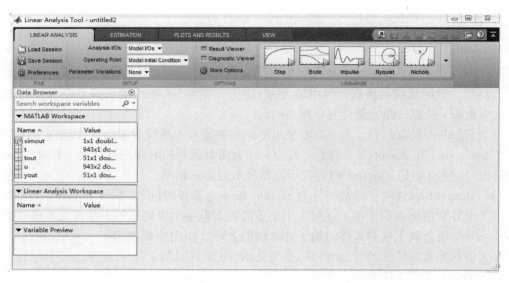

图 9-22　Linear Aanlysis Tool

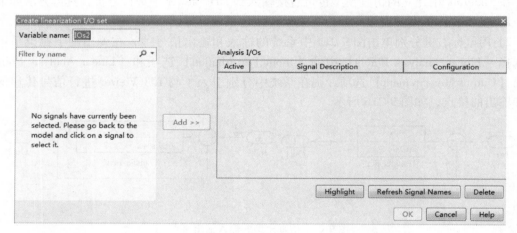

图 9-23　Create New Linearization I/Os 窗口

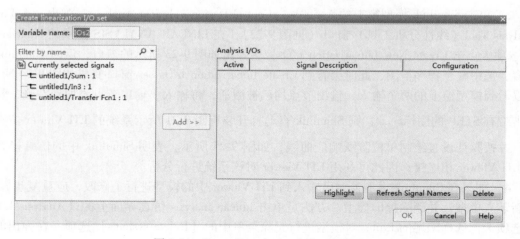

图 9-24　Create linearization I/Os set 窗口

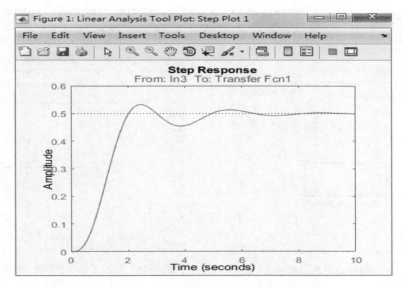

图 9-25　LTI Viewer 的单位阶跃响应曲线

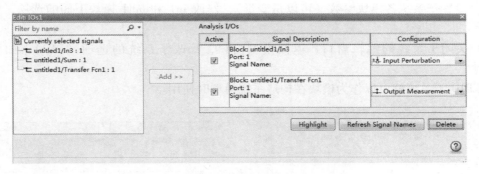

图 9-26　模型的删除

9.3　子系统的创建与封装

在建立的 Simulink 系统模型比较大或很复杂时，可将一些模块组合成子系统，这样可使模型得到简化，便于连线；可提高效率，便于调试；可生成层次化的模型图表，用户可采取自上而下或自下而上的设计方法。

将一个创建好的子系统进行封装，也就是使子系统像一个模块一样，如可以有自己的参数设置对话框、自己的模块图标等。因此，恰当地运用子系统这种建模方法，可以为快速高效地构建仿真模型带来极大方便。

9.3.1　子系统的创建

1. 通过子系统模块来建立子系统

在 Simulink 库浏览器中有一个 Ports & Subsystems 模块库，单击该图标即可看到不同类型的子系统模板。下面以 PID 控制器子系统创建，说明子系统的创建过程。

1）将 Ports & Subsystems 模块库中的 Subsystem 模块复制到模型窗，如图 9-27 所示。

2）双击该图标即打开该子系统的编辑窗口，如图 9-28 所示。

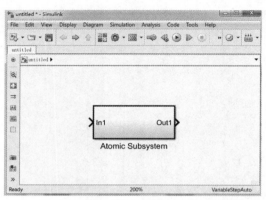

图 9-27 子系统模块复制到模型窗口

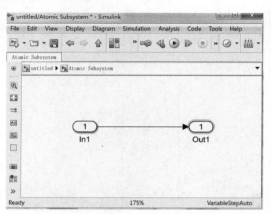

图 9-28 原始子系统模块的内部结构型窗口

3）将组成子系统的模块添加到子系统编辑窗口并进行连接，如图 9-29 所示。

4）设置子系统各模块参数（可以是变量），修改 in1 和 out1 模块下面的选项，如图 9-29 所示。

5）关闭子系统的编辑窗口，返回模型窗口，修改子系统的选项（PID），如图 9-30 所示。

该 PID 子系统就可以作为模块在构造系统模型时使用。

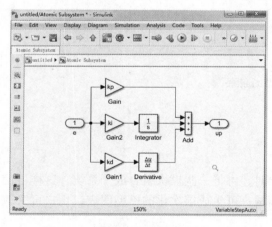

图 9-29 PID 子系统内部结构模型窗

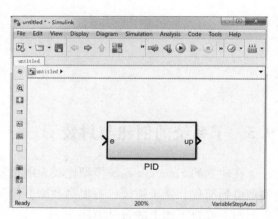

图 9-30 PID 子系统

2. 组合已存在的模块来建立子系统

如果现有的模型已经包含了需要转化成子系统的模块，则可以通过组合这些模块的方式建立子系统。步骤如下：

1）确定需建立 Subsystem 的模型（被选中的均标记有蓝色），如图 9-31 所示。

2）单击模型窗【Diagram】菜单中【Subsystem & Model Reference】的【Create Subsystem From Slection】选项，则所选定的模型组合自动转化成子系统，如图 9-32 所示。

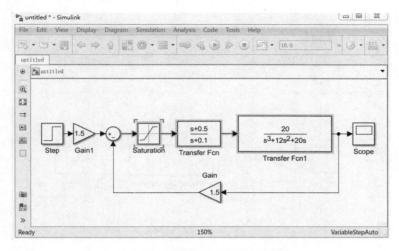

图 9-31　圈选欲建子系统的模块

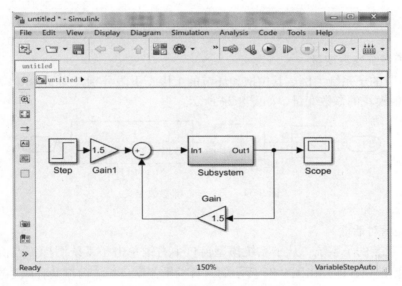

图 9-32　圈选模块转化为子系统

3）双击该图标，可打开该子系统窗口，改写输入输出变量名。

4）关闭子系统编辑窗口，设置子系统选项，则系统模型如图 9-33 所示。

9.3.2　子系统的封装

子系统可以建立自己的参数设置对话框，以避免对子系统内的每个模块分别进行参数设置，因此在子系统建立好以后，需对其进行封装。子系统封装的基本步骤如下：

1）设置好子系统中各模块的参数变量。

2）定义提示对话框及其特性。

3）定义被封装子系统的描述和帮助文档。

4）定义产生模块图标的命令。

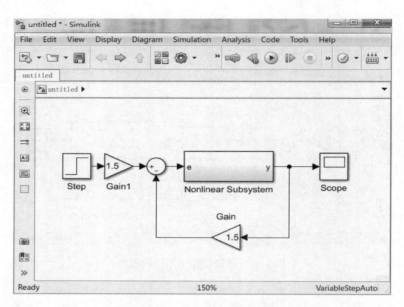

图 9-33　包含子系统的系统模型

1. 设置子系统参数变量

仍以上一节的子系统为例。其中饱和环节的上限、下限分别设为 au+a0、ab+a0（a0 为偏置量），其他模块的参数变量，如图 9-34 所示。

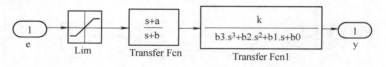

图 9-34　子系统内部参数定义

2. 产生提示对话框

选择需要封装的子系统，从子系统模型窗口中右键单击子系统图标，点击【Mask】的【Create Mask】选项，即弹出图 9-35 所示的封装编辑器窗口。该窗口共有四个选项卡：

- Initialization（初始化）：输入初始化命令并显示所定义的变量。
- Parameters & Dialog（参数设置）：定义子系统参数对话框的变量。
- Icon & Ports（图标）：确定封装后子系统模块的图标。
- Documentation（文档）：封装说明。

子系统封装就是填写以上 4 项（主要是第二项），以下分别介绍。

（1）Parameters & Dialog 选项卡　该选项卡将确定封装后子系统的参数对话框的主要内容，对子系统所有需设置的变量的名称、提示符等进行定义。

在本例中，需要对饱和器的上、下限，补偿器参数以及传递函数系数、增益等进行设置。这只需在 Prompt 文本框内输入变量提示符，在对应的 Variable 文本框中输入相应的变量名（该变量名必须与被封装子系统定义的变量名一致），在【Type】下拉列表框中选【Edit】，勾选【Evaluate】、【Tunable】复选框，然后单击左侧 Edit 按钮即可依次设置子系统

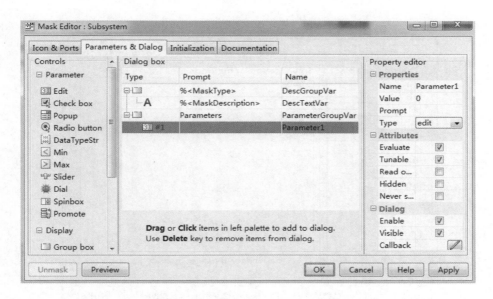

图 9-35　子系统封装编辑器窗口

中的各个变量。

［说明］

● 【Type】下拉列表框有 10 个选项，一般选 Edit 控件，它要求直接在文本框里输入要设置的值（变量名）。

● 勾选【Evaluate】复选框，输入数据后 MATLAB 转化为数值，否则输入数据后 MATLAB 按字符串处理。

（2）Initialization 选项卡　该选项主要对封装子系统内的变量赋初值及对初始命令进行定义，如图 9-36 所示。其中的 Dialog Variables（变量表）中的变量排序应与 Parameters 定义的变量一致。

［说明］　如果对变量表中的变量赋值，则以后再对该变量赋值将无效，如图 9-37 所示。图 9-36 中设置限幅器的偏置量为 0。

假定子系统（Nonlinear system）的参数变量名已由封装编辑器的 Parameters 选项卡全部输入。双击该子系统图标，即弹出如图 9-37 所示子系统的参数设置对话框。逐栏输入与变量所对应的参数，即完成对该子系统的参数设置。

（3）Icon & Ports 选项卡　该选项卡的主要作用是让用户能够自定义模块图标，图 9-38 所示为模块图标编辑窗口。

在图标上显示文本、定制图标的命令都是写在 Icon Drawing commands（图标绘制命令）窗口内，最常用的画图命令为 disp 、text。disp 命令将内容显示在图标中心，而 text 则是将内容放在指定位置。如：图 9-38 中所示的 disp（'饱和非线性'）命令执行后，生成图标显示如图 9-39 所示。

● 图标上显示图形　在图标绘制命令窗口内输入绘图指令 plot（）。

例如输入 plot（［0 1 4 5］，［0 0 4 4］，［0 5］，［2 2］，［2.5 2.5］，［0 4］），则图标显示

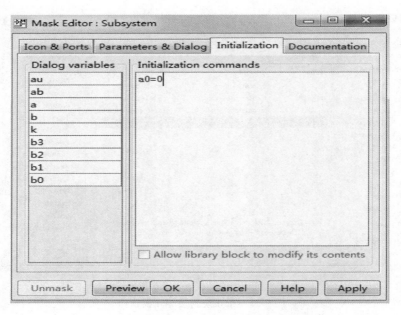

图 9-36　Initialization 界面

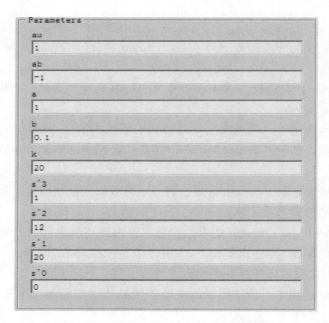

图 9-37　封装后子系统参数设置对话框

如图 9-40 所示，其中第一对数据（[0 1 4 5]，[0 0 4 4]）绘制饱和曲线，第二对数据（[0 5]，[2 2]）画 X 轴，第三对数据则画 Y 轴。

- 图标上显示传递函数　在图标绘制命令窗口内输入指令 dpoly（ ）。

例如输入 dpoly（20，[1，12，20，0]），则图标显示如图 9-41 所示。

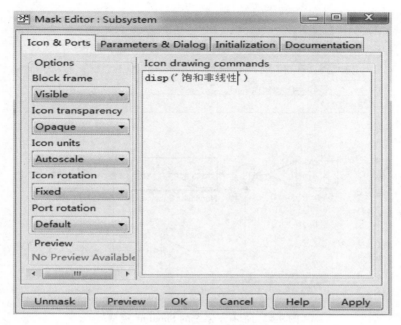

图 9-38 模块图标编辑窗口

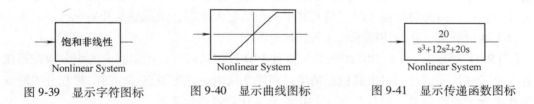

图 9-39 显示字符图标   图 9-40 显示曲线图标   图 9-41 显示传递函数图标

（4）Documentation 选项卡 该项卡有三个文本框 Type、Description 和 Help。

● Type 文本框用来设置子系统模块的封装类型，可输入字符串。

● Description 文本框用于设置子系统的说明文档。Help 文本框用于设置子系统的帮助信息。

封装后完整的系统如图 9-42 所示。

9.3.3 条件子系统

条件子系统是指它的执行受某种信号控制的一类子系统。Simulink 中的条件子系统受到两种信号作用，一是决定该子系统是否执行的控制信号（触发信号、使能信号）；另一个就是使该系统产生输出的输入信号。在实际系统建模时，条件子系统是非常有用的。

在 MATLAB 6.0 以上的版本中，有单独的子系统模块库，提供了专门的条件子系统模块，即使能子系统、触发子系统和触发使能子系统；而在 MATLAB 6.0 及以下版本中，则需要将信号与系统（Signals & Systems）库中的使能（Enable）模块、触发（Trigger）模块复制到子系统中，才能建立起相应的带有使能、触发功能的子系统。

1. 使能子系统

该子系统当使能端控制信号为正时，系统处于"允许"状态，否则为"禁止"状态。

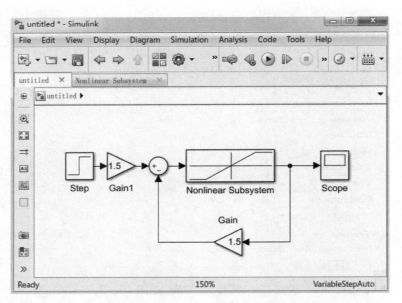

图 9-42 带有子系统的 Simulink 模型

"使能"控制信号可以为标量，也可以为向量。当为标量信号时，只要该信号大于零，子系统就开始执行；当为向量信号时，只要其中一个信号大于零，子系统就开始执行。

以下通过举例，介绍使能子系统的创建过程。

【例 9-3】 积分分离式 PID 控制器。这种 PID 控制器可以让控制器中的积分项在系统响应进入稳态时投入运行，以提高稳态精度；而在系统响应处于瞬态过程时，将积分项断开以改善系统动态响应质量。积分分离式 PID 控制器建立过程如下：

1）将图 9-30 中的 PID 控制器复制到一个新建的模型窗口，再将 Ports & Subsystems 库中的 Enabled Subsystem 模块复制到该控制器积分器支路的输入端，如图 9-43 所示。

2）使能模块的控制信号为 delta 与 abs（e）的差值。delta 为一很小的正数，当偏差 e 的绝对值小于 delta 时，控制器的积分项才投入使用，从而实现了控制器中的积分项的分离控制。

3）按照 9.3.1 节和 9.3.2 节的方法，可建立带有使能模块的积分分离式 PID 控制器子系统模块，如图 9-44 所示。

［说明］

● 双击图 9-43 中的使能子系统得到如图 9-45 所示的子系统编辑窗口，再双击该窗口中的使能（Enable）模块，则又弹出图 9-46 所示的对话框，可以选择使能开始时状态的值 reset（复位）或 held（保持当前状态）。对于本例应该选择 reset。

● 也可直接在使能子系统中建立积分分离式 PID 子系统。

2. 触发子系统

触发子系统只在触发事件发生的时刻执行。所谓触发事件也就是触发子系统的控制信号，一个触发子系统只能有一个控制信号，在 Simulink 中称之为触发输入。

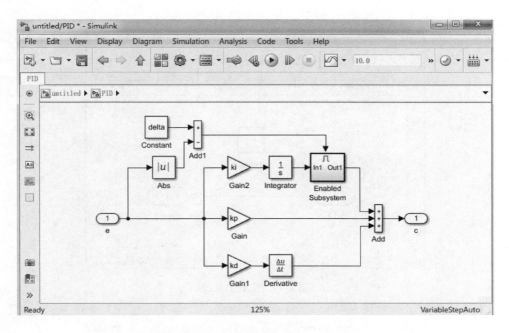

图 9-43　积分分离式 PID 控制器

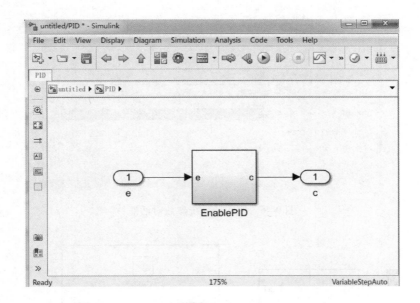

图 9-44　积分分离式 PID 控制器子系统

　　在 MATLAB 6.0 以上版本中，触发事件有 4 种类型，即上升沿触发、下降沿触发、跳变触发和回调函数触发。双击如图 9-47a 所示的触发子系统（Triggered Subsystem），会弹出如图 9-47b 所示的触发子系统模型，双击触发器模块（Trigger），在弹出的对话框（见图 9-48）中可选择触发类型。

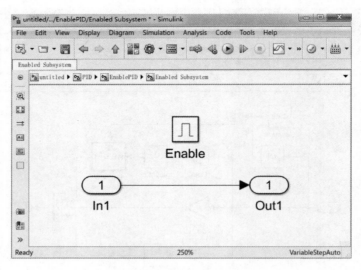

图 9-45　使能子系统

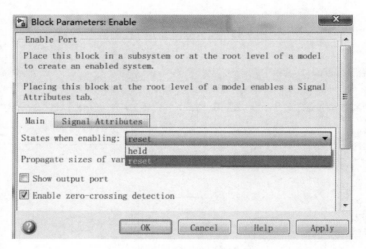

图 9-46　使能子系统参数对话框

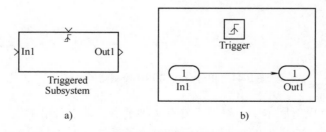

图 9-47　触发子系统

a）触发子系统模块　b）触发子系统模型

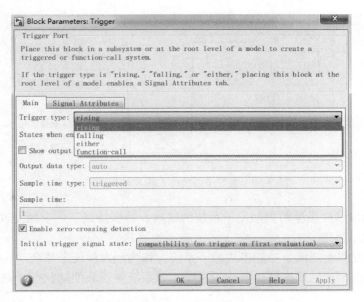

图 9-48　触发子系统参数对话框

图 9-49 为触发子系统应用的一个示例。触发器设为下降沿触发，正弦输入经触发控制后，成为阶梯波，如图 9-50 所示。

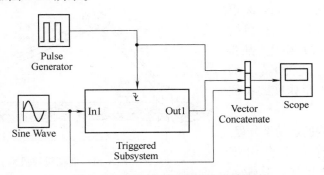

图 9-49　触发子系统仿真模型示例

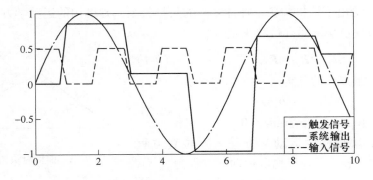

图 9-50　触发子系统仿真模型输出

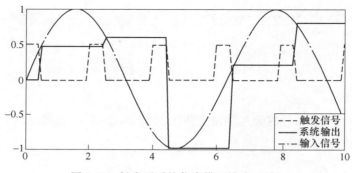

图 9-50 触发子系统仿真模型输出（续）

［说明］ 触发事件发生时刻触发子系统的输出，将保持到下一个触发事件的发生时刻。

3. 触发使能子系统

同时具有触发和使能两个功能模块的子系统，称为触发使能子系统。在这种系统中，若系统处于使能状态，则触发事件将激活子系统；若系统处于非使能状态，则忽略触发信号。

9.4 Simulink 仿真举例

9.4.1 曲柄滑块机构的运动学仿真

本节介绍如何利用 Simulink 求解机构的运动约束方程，进行机构的运动学仿真。图 9-51 所示为某曲柄滑块机构示意图。连杆 r_2、r_3 的长度已知，曲柄输入角速度或角加速度已知。

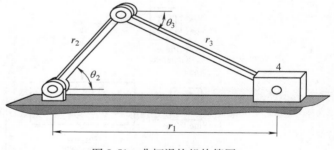

图 9-51 曲柄滑块机构简图

1. 曲柄滑块机构的运动学方程

图 9-51 是只有一个自由度（DOF）的曲柄滑块机构，其输入为 $\omega_2 = \dot{\theta}_2$，输出分别为 $\omega_3 = \dot{\theta}_3$、$\theta_3$、$v_1 = \dot{r}_1$、$r_1$。设每一连杆（包括固定杆件）均由一位移矢量表示，图 9-52 给出了该机构各个杆件之间的矢量关系，则机构的运动学方程导出如下。

（1）曲柄滑块机构的闭环位移矢量方程

$$\boldsymbol{R}_2 + \boldsymbol{R}_3 = \boldsymbol{R}_1 \qquad (9\text{-}1)$$

（2）闭环矢量方程的分解

$$\begin{cases} r_2\cos\theta_2 + r_3\cos\theta_3 = r_1 \\ r_2\sin\theta_2 + r_3\sin\theta_3 = 0 \end{cases} \qquad (9\text{-}2)$$

（3）曲柄滑块机构的运动学方程　对位置方程 (9-2) 求时间的导数，即得机构的运动学方程为

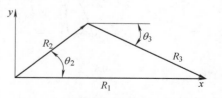

图 9-52 曲柄滑块机构的矢量环

$$\begin{cases} -r_2\omega_2\sin\theta_2 - r_3\omega_3\sin\theta_3 = \dot{r_1} \\ r_2\omega_2\cos\theta_2 + r_3\omega_3\cos\theta_3 = 0 \end{cases} \tag{9-3}$$

为了便于编程，将机构的运动学方程式（9-3）写成矩阵形式

$$\begin{pmatrix} r_3\sin\theta_3 & 1 \\ -r_3\cos\theta_3 & 0 \end{pmatrix} \begin{pmatrix} \omega_3 \\ \dot{r_1} \end{pmatrix} = \begin{pmatrix} -r_2\omega_2\sin\theta_2 \\ r_2\omega_2\cos\theta_2 \end{pmatrix} \tag{9-4}$$

2. 曲柄滑块机构运动学的 Simulink 仿真

仿真的基本思路：已知输入 ω_2、θ_2，由运动学方程求出 ω_3 和 $\dot{r_1}$，再通过积分，即可求出 θ_3 和 r_1。

（1）编写 MATLAB 函数求解运动学方程　将该机构的运动学方程（9-4）用 M 函数 compv（）表示。

设 $r_2 = 15\text{mm}$，$r_3 = 55\text{mm}$，$r_1(0) = 70\text{mm}$，$\theta_2(0) = \theta_3(0) = 0°$，其中 r_1、θ_2、θ_3 的初始值可在 Simulink 模型的积分器初始值设置时输入，如图 9-49 所示。

```
function [x] = compv (u)               % x 为函数的输出;u 为 M 函数的输入
%u(1) = w2
%u(2) = sita2
%u(3) = sita3
r2 = 15;                               % 连杆 2、3 的长度
r3 = 55;
a = [r3 * sin(u(3)) 1;-r3 * cos(u(3)) 0];   % 求解运动学方程
b = [-r2 * u(1) * sin(u(2));r2 * u(1) * cos(u(2))];
x = inv(a) * b;
```

（2）建立 Simulink 模型　曲柄滑块机构的 Simulink 运动学仿真模型如图 9-53 所示。其中的 MATLAB Function 模块在 User-defined Function 库中，将该模块复制到模型窗口后，双击该模块，在弹出的对话框的 Parameters 栏中填入前面建立的 MATLAB 函数名 compv(u)

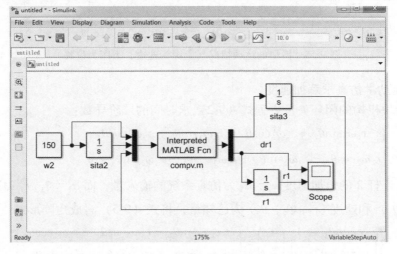

图 9-53　匀速输入时的曲柄滑块机构运动学的 Simulink 仿真模型

（该函数应当已经在 MATLAB 搜索路径中），以及输出变量的个数，如图 9-54 所示。图 9-54 中 MATLAB Function 模块输入、输出信号的顺序须与 compv 中一致。

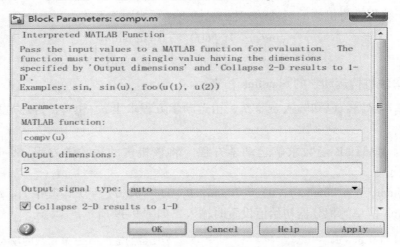

图 9-54 MATLAB Function 模块参数设置对话框

设输入转速为 150rad/s，启动仿真后，滑块的速度、位移曲线显示在示波器中，如图 9-55 所示。

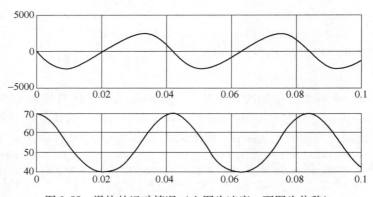

图 9-55 滑块的运动情况（上图为速度；下图为位移）

3. 通过运动学仿真求解加速度

由曲柄滑块机构的闭环矢量方程式（9-2）求时间的二阶导数：

$$\begin{cases} -r_2\dot{\omega}_2\sin\theta_2 - r_2\omega_2^2\cos\theta_2 - r_3\dot{\omega}_3\sin\theta_3 - r_3\omega_3^2\cos\theta_3 = \ddot{r}_1 \\ r_2\dot{\omega}_2\cos\theta_2 - r_2\omega_2^2\sin\theta_2 + r_3\dot{\omega}_3\cos\theta_3 - r_3\omega_3^2\sin\theta_3 = 0 \end{cases} \tag{9-5}$$

此时输入连杆 2 的角加速度 $\alpha_2 = \ddot{\theta}_2$ 为仿真系统的输入量，而 $\alpha_3 = \ddot{\theta}_3$、$\ddot{r}_1$ 为系统输出，位移 $(r_1, \theta_2, \theta_3)$ 和速度 $(\dot{r}_1, \dot{\theta}_2, \dot{\theta}_3)$ 为已知量，将式（9-5）写成矩阵形式

$$\left\{ \begin{pmatrix} r_3\sin\theta_3 & 1 \\ -r_3\cos\theta_3 & 0 \end{pmatrix} \begin{pmatrix} \alpha_3 \\ \ddot{r}_1 \end{pmatrix} = \begin{pmatrix} -r_2\alpha_2\sin\theta_2 - r_2\omega_2^2\cos\theta_2 - r_3\omega_3^2\cos\theta_3 \\ r_2\alpha_2\cos\theta_2 - r_2\omega_2^2\sin\theta_2 - r_3\omega_3^2\sin\theta_3 \end{pmatrix} \right. \tag{9-6}$$

则可由式（9-6）编写 MATLAB 函数求解加速度：

```
function [ x ] = compa ( u )
%u( 1 ) = a2
%u( 2 ) = w2
%u( 3 ) = w3
%u( 4 ) = sita2
%u( 5 ) = sita3
r2 = 15. 0;
r3 = 55. 0;
a = [ r3 * sin( u( 5 ) ) 1;-r3 * cos( u( 5 ) ) 0 ];
b = [ -r2 * u( 1 ) * sin( u( 4 ) )-r2 * u( 2 )^2 * cos( u( 4 ) )-r3 * u( 3 )^2 * cos( u( 5 ) );
      r2 * u( 1 ) * cos( u( 4 ) )-r2 * u( 2 )^2 * sin( u( 4 ) )-r3 * u( 3 )^2 * sin( u( 5 ) ) ];
x = inv( a ) * b;
```

将所建立的 MATLAB 函数 compa(u) 嵌入到图 9-56 所示的 Simulink 模型的 MATLAB Function 模块中。设输入角加速度为 $5\mathrm{rad/s}^2$，$r_1(0) = 70\mathrm{mm}$，其他位移（θ_2，θ_3）和速度（$\dot{r}_1$，$\dot{\theta}_2$，$\dot{\theta}_3$）的初始值均为零，并且将滑块位移的范围限制在 [40，70]（双击 r1 的积分器，在参数设置对话框中设置）。此外，为了进行进一步的数据分析，将各个变量的数据利用 To Workspace 模块存储到具有 5 列的数组 acc 中，如图 9-56 所示。

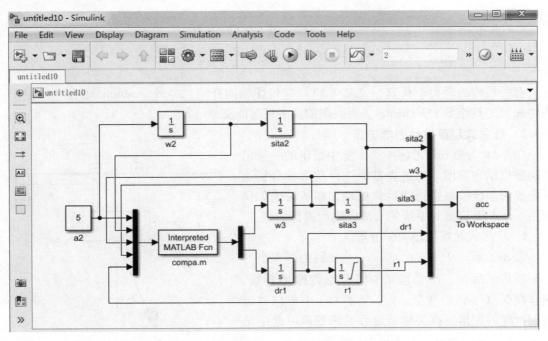

图 9-56　匀加速输入时的曲柄滑块机构运动学的 Simulink 仿真模型

例如，为了分析连杆 3 的转角和滑块的位移间的关系，可利用双纵坐标图同时绘制这两条曲线，程序如下：

```
t = tout;
```

```
[ax,h1,h2]=plotyy(t,acc(:,3),t,acc(:,5),'plot');
set(get(ax(1),'Ylabel'),'string','连杆 3 转角/rad');          % 设置左纵坐标轴名
set(get(ax(2),'Ylabel'),'string','滑块位移/mm');             % 设置右纵坐标轴名
xlabel('t/s');
set(h1,'LineStyle',':')                                      % 设置左纵坐标轴对应曲线的线型
text(0.8,0.2,'连杆转角 \rightarrow')
text(0.1,0.1,'滑块位移 \rightarrow')
```

所绘制的图形如图 9-57 所示。

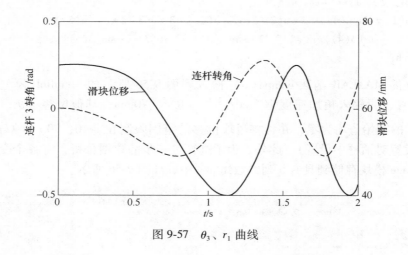

图 9-57 θ_3、r_1 曲线

有关机构的动力学仿真，文献 [12] 有较详细的介绍。另外 Simulink 还有专门用于机构仿真的工具箱 SimMechanics，有兴趣的读者可参阅文献 [6]。

9.4.2 悬吊式起重机动力学仿真

图 9-58 为第 6 章习题中第 1 题中给出的一悬吊式起重机结构简图。对这类系统进行动力学分析通常是要对系统模型进行线性化处理，本节讨论如何利用 Simulink 直接对系统的非线性模型进行仿真。

1. 悬吊式起重机动力学方程

设 m_t、m_p、I、c、l、F、x、θ 分别为起重机的小车质量、吊重、吊重惯量、等价黏性摩擦系数、钢丝绳长（不计绳重）、小车驱动力、小车位移以及钢丝绳的摆角。有关建模过程见第 6 章习题中第 1 题，该系统的动力学方程可由以下两式表示：

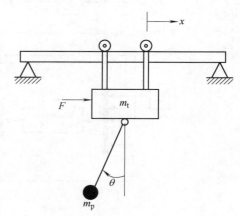

图 9-58 悬吊式起重机结构简图

$$m_t \ddot{x} = F - c\dot{x} - m_p \frac{d^2}{dt^2}(x - l\sin\theta) \quad (9-7)$$

$$(I + m_p l^2)\ddot{\theta} + m_p g l \sin\theta = m_p l \ddot{x} \cos\theta \quad (9-8)$$

为便于建模，将以上两式改写为

$$\ddot{x} = \frac{F - c\dot{x} + m_p l(\ddot{\theta}\cos\theta - \dot{\theta}^2\sin\theta)}{m_t + m_p} \quad (9\text{-}9)$$

$$\ddot{\theta} = \frac{m_p l(\ddot{x}\cos\theta - g\sin\theta)}{I + m_p l^2} \quad (9\text{-}10)$$

2. 悬吊式起重机动力学的 Simulink 仿真

由式（9-9）、式（9-10）可建立如图 9-59 所示的起重机 Simulink 模型。图中 k1 = $\frac{1}{m_t + m_p}$，k2 = $\frac{m_p l}{I + m_p l^2}$，lmp = $m_p l$。

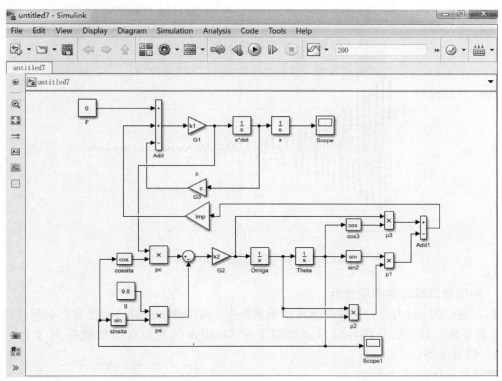

图 9-59　悬吊式起重机 Simulink 仿真模型

在运行仿真模型前，须先计算出 k1、k2 和 lmp。现已知 $m_t = 50\mathrm{kg}$，$m_p = 270\mathrm{kg}$，$l = 4\mathrm{m}$，$c = 20\mathrm{N/m \cdot s^{-1}}$，在 MATLAB 指令窗输入以下指令：

```
l=4;c=20;mp=270;mt=50;
I=mp*l^2;                 % 计算吊重的转动惯量
lmp=l*mp;
k1=1/(mt+mp);
k2=mp*l/(I+mp*l^2);
```

设置仿真时间为 200s，启动 Simulink 仿真，则由小车位移示波器和吊重摆角示波器，可观察到系统在初始状态 $x(0) = 0$，$\dot{x}(0) = 0$，$\theta(0) = 0.01\mathrm{rad/s}$，$\dot{\theta}(0) = 0$ 作用下 x、θ 的变化过

程曲线，如图 9-60 和图 9-61 所示。

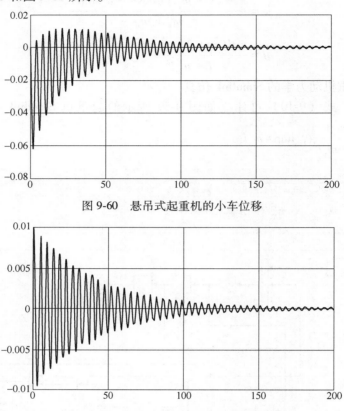

图 9-60 悬吊式起重机的小车位移

图 9-61 悬吊式起重机的吊重摆角

9.4.3 阀控液压缸的动刚度分析

在以阀控液压缸为动力机构的液压控制系统中，阀控液压缸的动刚度是影响系统性能的一个重要参量。本节结合阀控液压缸动刚度的 Simulink 仿真，介绍如何在 M 文件中调用 Simulink 仿真模型。

1. 阀控液压缸的动刚度

液压系统的动刚度也称为液压弹簧刚度[10]，它是在液压缸两腔完全封闭的情况下油液压缩效应的一种度量。图 9-62 是参考文献 [14] 中提出的用于阀控液压缸动刚度分析的一种通用模型，这里对其进行简化，即认为阀直接安装在缸上（不计管道效应），且液压缸两腔的等效液压弹性模量 $\beta_{e1} = \beta_{e2} = \beta_e$。

设液压缸无摩擦、无泄漏，两个工作腔充满高压液体并被完全封闭，当活塞受到外力作用时产生位移 Δx，使一腔压力升高 Δp_1，另一腔压力降低 Δp_2，有

图 9-62 带管道的非对称缸系统

$$\Delta p_1 = \frac{\beta_e A_1}{V_1} \Delta x$$

$$\Delta p_2 = -\frac{\beta_e A_2}{V_2}\Delta x$$

则被压缩液体产生的复位力为

$$F = A_1\Delta p_1 - A_2\Delta p_2 = \Delta x\left(\frac{\beta_e A_1^2}{V_1} + \frac{\beta_e A_2^2}{V_2}\right) \tag{9-11}$$

由式（9-11）可得系统的动刚度，即等效液压弹簧刚度为

$$K_h = \frac{F}{\Delta x} = \frac{\beta_e A_1^2}{V_1} + \frac{\beta_e A_2^2}{V_2} = K_{h1} + K_{h2}$$

$$= \frac{\beta_e A_1}{l\alpha} + \frac{\beta_e A_2}{l(1-\alpha)} = \frac{\beta_e A_1}{l}\left(\frac{1}{\alpha} + \frac{\eta}{1-\alpha}\right) \tag{9-12}$$

式中，$K_{h1} = \dfrac{\beta_e A_1^2}{V_1} = \dfrac{\beta_e A_1}{l\alpha}$，$K_{h2} = \dfrac{\beta_e A_2^2}{V_2} = \dfrac{\beta_e A_2}{l(1-\alpha)}$ 分别为液压缸两腔的等效液压弹簧刚度，$\eta = A_2/A_1 \leqslant 1$ 为两腔的工作面积比。

　　由（9-12）式可知，阀控液压缸系统的液压弹簧刚度为液压缸两腔的等效液压弹簧并联后的弹簧刚度，而且当活塞处于某一位置使得两腔的等效弹簧刚度相等时，液压缸的等效液压弹簧刚度为最小。对于有一定响应速度要求的系统，动刚度最小的位置应当给予必要的重视，因为系统此时最容易出现稳定性问题。由式（9-12）可知阀控液压缸系统的动刚度是活塞位置 α 的函数，同时还与两腔的面积比 η 有关。以下通过绘制空间曲线来直观地表示 K_h 与 α、η 的关系。

2. 阀控液压缸系统动刚度的 Simulink 仿真

（1）Simulink 仿真模型　如图 9-63 所示，活塞位置由一单位斜坡函数表示；仿真时间范

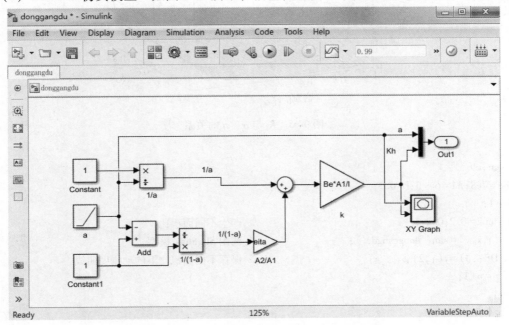

图 9-63　阀控缸系统动刚度的 Simulink 模型

围设为 [0.01, 0.99]，以保证 $0 < \alpha < 1$；out 模块将输出 K_h 以及对应的 α 值保存到 MATLAB 工作空间，变量名由 M 文件调用时指定；其他参数 eita(η)，B_e、A_1、l 从工作空间传入。例如输入 $B_e = 7 \times 10^8 \mathrm{N/m^2}$，$A_1 = 6 \times 10^{-3} \mathrm{m^2}$，$l = 0.3\mathrm{m}$，eita = 0.2 后，启动仿真，在 XY 绘图仪中显示出 K_h 与归一化的活塞位移的关系曲线如图 9-64 所示。

由图 9-64 可知，K_h 约在 $\alpha = 0.7$ 处具有最小值（约为 $2.93 \times 10^7 \mathrm{N/m}$）。

（2）由 M 文件调用 Simulink 仿真模型

此时图 9-63 所示的 Simulink 模型相当于下面 MATLAB 程序中的一个子函数。该程序用于绘制当 η 从 0.2~1 变化时，阀控液压缸系统动刚度的三维曲面图，如图 9-65 所示。

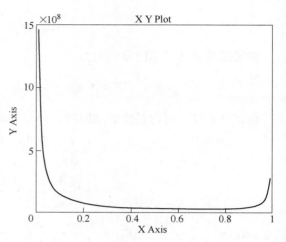

图 9-64　$\eta = 0.2$ 时 K_h（Y 轴）与 α（X 轴）的关系曲线

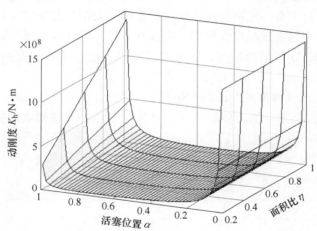

图 9-65　K_h 与 α、η 的关系

```
clear, clf
Be = 7e8; A1 = 6e-3; l = 0.3;
n = 1;
for eita = 0.2:0.2:1                  % 产生不同面积比
    [t, x, y] = sim('donggangdu');    % 调用 Simulink 模型
    D(:, n) = y(:, 2);                % 保存不同面积比下的动刚度曲线
    n = n+1;
end
ei = 0.2:0.2:1;
A = y(:, 1);
[Xeita, Xa] = meshgrid(ei, A);        % 生成格点阵
```

```
surf(Xeita,Xa,D)                          % 绘制动刚度曲面图
alpha(0.1)                                % 透明度控制
view([-65.5,22])                          % 视点控制
xlabel('面积比\eta')
ylabel('活塞位置\alpha')
zlabel('动刚度 Kh/N. m')
```

由图 9-65 可以看出，η 越小，K_h 越小；且随着 η 的减小，K_h 出现最小值的位置将由中位向有杆腔端部移动。

9.5　S-函数简介

9.5.1　S-函数的概念

Simulink 的系统函数（System Function）简称为 S-函数，其不同于 Simulink 中具有图形结构的系统模块，它是一种用指定语言（如 MATLAB、C、C++、FORTRAN 或 Ada 等）编写的可在 Simulink 中使用的功能模块。S-函数由一种特定的语法构成，具备描述动态系统的全部能力，可用来描述和实现连续系统、离散系统以及复合系统等动态系统，通常 S-函数模块是整个 Simulink 动态系统的核心。

虽然 Simulink 提供了大量内置模块，但并不能完全满足用户的需要，特别是当需要开发一个新的通用模块作为一个独立的功能单元时，使用 S-函数实现则相当便利。因此 S-函数是 MATLAB 为用户提供的一个扩展功能的接口，当用 MATLAB 语言编写 S-函数时，可以充分利用 MATLAB 所提供的丰富资源，方便地调用各种工具箱函数和图形函数。此外，在 S-函数中使用文本方式输入公式、方程也非常适合于构造复杂的动态系统，同时也可以在仿真过程中对仿真进行更精确地控制。

1. S-函数的工作原理

设一个单输入（u）、单输出（y）动态系统由以下方程描述

状态方程为 $\qquad\qquad dx = f_d(t,x,u)$ （连续系统） (9-13)

$\qquad\qquad\qquad\qquad x_{k+1} = f_u(t,x,u)$ （离散系统） (9-14)

输出方程为 $\qquad\qquad y = f_0(t,x,u)$ (9-15)

在 S-函数中利用以下子函数对用状态空间方程所表示的系统特性进行详细描述。

（1）S-函数中的连续状态方程描述　状态向量的一阶导数 dx 是状态向量 x、输入 u 和时间 t 的函数，在 S-函数中用 mdlDerivatives 子函数对其进行计算，并将结果返回给 Simulink 求解器进行积分。

（2）S-函数中的离散状态方程描述　下一步状态 x_{k+1} 的值依赖于当前状态 x_k、输入 u 和时间 t，通过 mdlUpdate 子函数完成，其结果返回供求解器在下一步使用。

（3）S-函数中输出方程描述　输出 y 是状态 x、输入 u 和时间 t 的函数，输出方程中不能包含任何动态方程（微分或差分）。输出值用 mdlOutput 子函数计算，并通过求解器传递给其他模块。

2. S-函数工作流程

S-函数的工作流程也就是 Simulink 的仿真过程，可以概括为：

（1）初始化 包括初始化结构体 SimStruct，设置输入/输出端口数，设置采样时间，分配存储空间等。

（2）数值积分 如果 S-函数存在连续状态，则调用 mdlDerivatives 和 mdlOutput 两个 S-函数子函数进行该连续状态的求解。

（3）更新离散状态 对于离散系统，在每个步长处都要调用 mdlUpdate 子函数进行离散状态的更新。

（4）计算输出 计算所有输出端口的输出值。

（5）计算下一个采样时间点 只有在使用变步长求解器进行仿真时才需要计算下一个采样时间点，即下一步的仿真步长。

（6）仿真结束 完成结束仿真所需的工作。

3. S-函数的信息

S-函数所包含的信息可用以下调用格式进行查看：

$$sys = model(t,x,u,flag)$$

其中，model 为系统的模型文件名；t、x、u 分别为当前时刻、状态向量和输入向量；flag 为标志指针，其值用来控制返回变量 sys 提供的信息类型，也用来对 S-函数的进程进行控制，如表 9-8 所示。

表 9-8　flag 选项

flag	作　　用	flag	作　　用
0	返回系统的阶次信息和初始状态	3	返回系统的输出向量 y
1	返回系统的状态导数 $\mathrm{d}x/\mathrm{d}t$	4	更新下一个离散状态的时间间隔
2	返回下一个离散状态 $x(k+1)$	9	仿真任务结束

在 flag = 0 时，调用 S-函数的格式为

$$[sys,x0] = model(t,x,u,flag)$$

则返回参数 x0 表示状态向量的初始值，而 sys 各分量的含义如下：

sys(1)——连续状态变量数；

sys(2)——离散状态变量数；

sys(3)——输出变量数；

sys(4)——输入变量数；

sys(5)——系统中不连续根的个数；

sys(6)——系统中有无代数环的标志（有置 1）；

sys(7)——采样时间数。

所谓代数环就是由几个直通模块（如比例模块、分子分母同阶的传递函数等）构成的反馈环节，当发生这种情况后仿真速度将大大变慢，甚至无法进行下去。

实际上用户在建立 Simulink 系统模型框图时，Simulink 就会利用该框图中的信息生成一个 S-函数（即 .mdl 文件），每个框图都有一个与之同名的 S-函数，或者说 S-函数代表了 Simulink 模型，请看下面的例子。

例 6-2 所示的二阶微分方程常用来说明非线性振荡，称之为范德蒙德方程，其特点为系统的阻尼比是振荡位置的函数，可以是正、负和 0。将其重写为

$$\frac{\mathrm{d}^2 x}{\mathrm{d}t^2} + (x^2 - 1)\frac{\mathrm{d}x}{\mathrm{d}t} + x = 0 \tag{9-16}$$

写成状态方程形式（令 $x_1 = x$）：

$$\begin{cases} \dot{x}_1 = x_2 \\ \dot{x}_2 = x_2(1 - x_1^2) - x_1 \end{cases} \tag{9-17}$$

再将其表示成图 9-66 所示的 Simulink 框图结构（即 Simulink 仿真模型）。

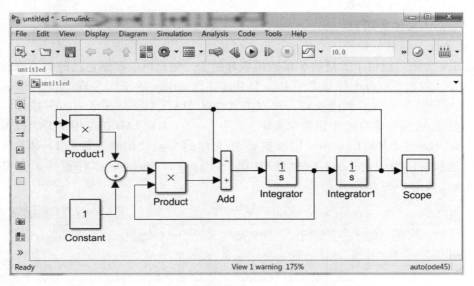

图 9-66　范德蒙德方程的 Simulink 框图模型

设置仿真参数对话框中【Data Import/Export】选项的【Initial state】子项为 [0.25, 0.25]，将其以 vdps.mdl 保存后，相应的 S-函数就被记录在磁盘上。当在 Simulink 模型窗中对其进行仿真时，MATLAB 并非去解释运行该 mdl 文件，而是运行保存于 Simulink 内存中的 S-函数映像文件。

在 MATLAB 指令窗中执行以下指令：

```
>> [sys,x0] = vdps([ ],[ ],[ ],0)
```

结果显示：

```
sys =
    2
    0
    0
    0
    0
```

```
      0
      1
x0 =
      0. 2500
      0. 2500
```

sys 各分量表明，该系统有两个连续状态，没有离散状态以及输入和输出，没有不连续的根（即状态是连续变化的），也没有代数环；变量 x0 为所设置的两个状态的初始值。

由框图模型创建的 S-函数的映像文件由于包含了系统的框图结构信息，所以必然比直接用计算机语言编写的 S-函数文件的效率要低，以下针对连续系统介绍如何用 MATLAB 语言编写标准的 M 文件 S-函数。

9.5.2 编写 M 文件 S-函数

1. M 文件 S-函数的模板

Simulink 为用户提供了大量的 S-函数模板和例子，用户可以根据自己的需要修改相应的模板或例子。双击 Simulink 模块库中 User-Definded Functiorn 的子库 S-Functiorn Example，弹出图 9-67 所示的 S-函数示例模块库；再双击其中的 MATLAB file S-functiorns 模块，弹出图 9-68 所示的用 M 文件编写的 S-函数模块库，其中 Level-1 MATLAB files 用于兼容以前版本的 S-函数仿真，Level-2 MATLAB files 用于扩展 M 文件的 S-函数仿真。双击 Level-1 M-files 模块，在弹出的窗口中双击 Level-1 MATLAB file S-Function Template 即打开 S-函数模板文件 sfuntmpl. m，如图 9-69 所示。

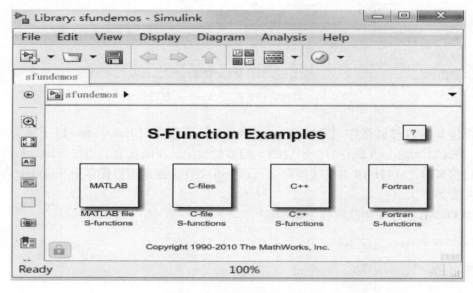

图 9-67　S-函数示例模块库

sfuntmpl. m 定义了 S-函数完整的框架结构，此文件中包含一个主函数和 6 个子函数（在 MATLAB 指令窗口中输入指令：edit sfuntmpl，也可打开此模板文件）。以下是 sfuntmpl. m 在删除了部分注释后的内容：

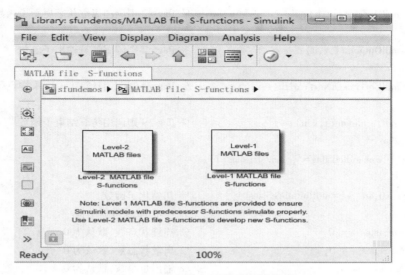

图 9-68　M 文件 S-函数示例模块库

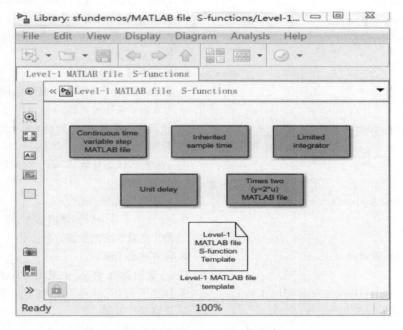

图 9-69　Level-1 M-file 模块库

```
function [sys,x0,str,ts] = sfuntmpl(t,x,u,flag)      % 主函数,主函数名 sfuntmpl 可修改
switch flag,
    case 0,
        [sys,x0,str,ts] = mdlInitializeSizes;        % flag=0 则调用初始化子函数
    case 1,
        sys = mdlDerivatives(t,x,u);                 % flag=1 则调用计算导数子函数
    case 2,
```

```
            sys = mdlUpdate(t,x,u);                    % flag=2 则调用离散状态更新子函数
        case 3,
            sys = mdlOutputs(t,x,u);                    % flag=3 则调用计算输出子函数
        case 4,
            sys = mdlGetTimeOfNextVarHit(t,x,u);        % flag=4 则调用计算下一个采样点子函数
        case 9,
            sys = mdlTerminate(t,x,u);                  % flag=9 则调用仿真结束子函数
        otherwise
            error(['Unhandled flag=',num2str(flag)]);
    end
    function [sys,x0,str,ts] = mdlInitializeSizes       % 初始化子函数
    sizes = simsizes;                                   % 生成 sizes 数据结构
    sizes.NumContStates  = 0;                           % 连续状态数,默认为 0
    sizes.NumDiscStates  = 0;                           % 离散状态数,默认为 0
    sizes.NumOutputs     = 0;                           % 输出量个数,默认为 0
    sizes.NumInputs      = 0;                           % 输入量个数,默认为 0
    sizes.DirFeedthrough = 1;                           % 存在代数环否? (1—存在,0—不存在,默认为 1)
    sizes.NumSampleTimes = 1;                           % 采样时间个数,每个系统至少有一个
    sys = simsizes(sizes);                              % 返回 sizes 数据结构所包含的信息
    x0 = [ ];                                           % 设置初值状态
    str = [ ];                                          % 保留变量,通常置空
    ts = [0 0];                                         % 采样时间,由[采样周期 偏移量]组成。采样周期
                                                        %   为 0 表示是连续系统

    function sys = mdlDerivatives(t,x,u)                % 计算导数子函数,它根据 t、x、u 计算连续状态的
                                                        %   导数
    sys = [ ];                                          % sys 表示状态导数,即 dx。在此给出连续系统的
                                                        %   状态方程

    function sys = mdlUpdate(t,x,u)                     % 更新离散状态子函数
    sys = [ ];                                          % sys 表示下一个时刻离散状态,即 x(k+1)。在此
                                                        %   给出离散系统的状态方程

    function sys = mdlOutputs(t,x,u)                    % 计算输出子函数
    sys = [ ];                                          % sys 表示输出,即 y。在此给出系统的输出方程
    function sys = mdlGetTimeOfNextVarHit(t,x,u)        % 计算下一个采样点子函数(适用变采样时间)
    sampleTime = 1;                                     % 设置采样时间
    sys = t + sampleTime;                               % sys 表示下一个采样时间点
    function sys = mdlTerminate(t,x,u)                  % 仿真结束子函数
    sys = [ ];
```

【例 9-4】 将上述范德蒙德方程用 M 文件 S-函数实现。

(1) 利用 S-函数模板编写范德蒙德方程的 S-函数。首先应将模板文件名改为 vdpm. m,编写好后将其存盘,代码如下:

```
% vdpm. m
function [sys,x0,str,ts] = vdpm(t,x,u,flag)
```

```
switch flag
case 0
        [sys,x0,str,ts] = mdlInitializeSizes;
case 1
        sys = mdlDerivatives(t,x,u);
case 2
        sys = [ ];
case 3
        sys = mdlOutput(t,x,u);
case 9
        sys = [ ];
otherwise
        error([ 'Unhandled flag = ',num2str(flag)]);
end
function [sys,x0,str,ts] = mdlInitializeSizes
sizes = simsizes;
sizes. NumContStates      = 2;
sizes. NumDiscStates      = 0;
sizes. NumOutputs         = 1;
sizes. NumInputs          = 0;
sizes. DirFeedthrough     = 0;
sizes. NumSampleTimes     = 1;
sys = simsizes(sizes);
x0 = [.25 .25];
str = [ ];
ts = [0  0];
function sys = mdlDerivatives(t,x,u)
sys(1) = x(2);
sys(2) = x(2) * (1-x(1).^2)-x(1);
function sys = mdlOutput(t,x,u)
sys = x(1);
```

该 S-函数文件定义了一个输出，即 $y=x$，参见式（9-15）~式（9-17），以便仿真时进行观察。

（2）建立和运行 Simulink 仿真模型　首先建立如图 9-70a 所示 Simulink 仿真模型，其中 S-函数模块 system 可从 Simulink 模块库中【User-Definded Functiorn】的子库中拖入，双击该模块名，在弹出的参数设置对话框【S-functiorn name】文本框中填入 vdpm，其余按默认参数，则图 9-70a 变为图 9-70b 的形式。由于该 S-函数没有输入，所以运行仿真后仿真模型为图 9-70c 的形式，在初始值作用下的 x 变化如图 9-71 所示，其与图 9-66 执行的结果是完全一致的。

2. 在 S-函数中添加用户参数

Simulink 中除了传递 t、x、u 和 flag 参数外，还可以传递用户自己定义的外部参数，但

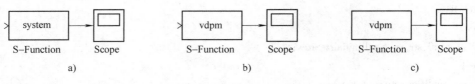

图 9-70　S-函数模型

要注意两点：①在 S-函数源代码中，用到该参数的各个子函数在函数声明部分均应添加该参数；②在仿真模型中设置 S-Function 模块的参数时，参数的名称和顺序必须与 S-函数源代码中的参数名称和顺序完全一致。下面用 S-函数的形式求解例 6-3 的问题。

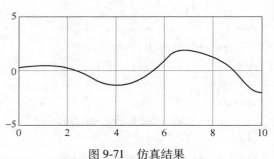

图 9-71　仿真结果

【例 9-5】　阀控缸电液位置伺服系统的动力学方程及相关参数均与例 6-3 相同，首先借助 S-函数模板对该动力学方程进行建模，然后建立其 Simulink 仿真模型进行仿真。系统的动力学方程的 M 文件 S-函数如下：

```
% ehpscss. m
function [sys,x0,str,ts]=ehpscss (t,x,u,flag,ps) % ps 为外部参数
switch flag
    case 0
        [sys,x0,str,ts]=mdlInitializeSizes;
    case 1
        sys=mdlDerivatives(t,x,u,ps);
    case 2
        sys=[ ];
    case 3
        sys=mdlOutput(t,x,u);
    case 9
        sys=[ ];
    otherwise
        error(['Unhandled flag=',num2str(flag)]);
end
function [sys,x0,str,ts]=mdlInitializeSizes
sizes=simsizes;
sizes. NumContStates    = 3;
sizes. NumDiscStates    = 0;
sizes. NumOutputs       = 1;
sizes. NumInputs        = 0;
sizes. DirFeedthrough   = 1;
sizes. NumSampleTimes   = 1;
sys=simsizes(sizes);
```

```
x0 = [0 0 0];
str = [ ];
ts = [0  0];
function sys = mdlDerivatives(t,x,u,ps)
kv = 3. 4e-8;Ap = 0. 006;ct = 7e-12;bv = 7e-12;m = 25;
up = 200 * (2 * u-10 * x(1));
sys(1) = x(2);
sys(2) = Ap/m * x(3);
if abs(x(3))>ps
    x(3) = sign(x(3)) * ps
end
sys(3) = -Ap/bv * x(2)-ct/bv * x(3)+ up * kv/bv * sqrt(ps-sign(up) * x(3));
function sys = mdlOutput(t,x,u)
sys = x(1);
```

　　将该程序保存为 ehpscss. m。在 Simulink 中建立图 9-72a 所示的仿真模型，其中的 S-函数模块名即为 ehpscss，它有与 S-函数 ehpscss 对应的一个输入和一个输出，输入接正弦函数发生器（幅值为 1，角频率为 6π rad/s）作为例 6-2 中的指令信号 $r(t)$。双击 S-函数模块 ehpscss 弹出图 9-72b 所示的参数对话框，在其中的【S-function parameters】 文本框中填入 ps 值 5MPa（即 5×10^6Pa），并在 Simulink 仿真参数对话框中设置仿真运行时间为 0. 7s，然后运行该仿真模型，结果显示如图 9-73 所示。

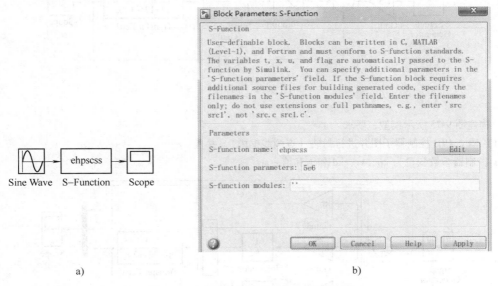

图 9-72　阀控对称缸 Simulink 仿真模型

　　当外部参数较多时，还可利用 9. 3. 2 节介绍的子系统封装命令将 S-函数模块封装成一个真正的 Simulink 模块。

　　S-函数内容十分丰富，例如用 C、C++编写的 S-函数可通过访问操作系统直接驱动与计算机相连的硬件系统等，读者可参考有关文献（如参考文献［16］ ~ ［18］）做进一步的了解。

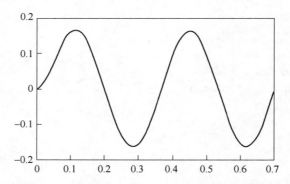

图 9-73　ps＝5MPa 时的阀控对称缸 Simulink 仿真结果

习　题　9

1. 对图 9-74 所示的系统框图进行仿真。

（1）输入分别为正弦波（幅值为 1，频率为 0.2Hz）、方波（幅值为 1，频率为 0.1Hz），限幅器饱和值为 1，并比较在无饱和环节时系统仿真结果。

（2）将图中各观察点改用信号汇总器连接到示波器，观察仿真结果。

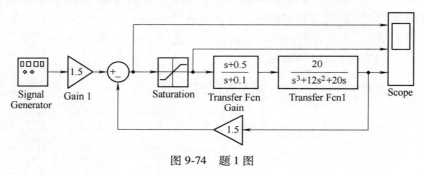

图 9-74　题 1 图

2. 构建图 9-75 所示模型，要求

（1）建立 PID 控制器子图并进行封装（点画线框内），并且

1）控制器参数变量为 kp、ki、kd 和饱和值±sat。

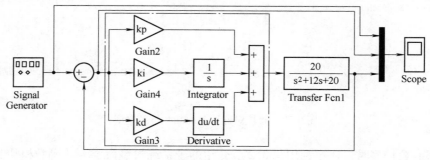

图 9-75　题 2 图

2）kp、ki、kd 由指令窗输入，sat 值（设为 5）由子图参数对话框输入。

（2）方波输入（幅值 1，频率 0.2Hz），调节控制器参数，观察三路信号。

（3）尝试由工作空间输入指令（$r = 0.6\sin(2t) + 0.4\cos(t)$，$t = 0 \sim 20s$）。

3. 构建图 9-76 所示的仿真模型。图中的 PID 模块为图 9-43 所示的积分分离式 PID 子系统，取 kp = 5，kd = 0.1，ki = 5，分别取 delta 为 0.2、1.0 时比较系统的单位阶跃响应性能。

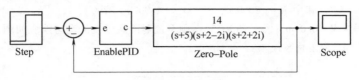

图 9-76　题 3 图

4. 将图 9-53 中曲柄滑块机构 Simulink 仿真模型的示波器改为 To Workspace 模块，其他参数不变，绘制以滑块位移为横坐标，速度为纵坐标的运动曲线。

5. 一电液位置伺服系统（见图 9-77），已知：伺服阀流量方程为

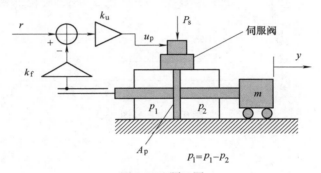

图 9-77　题 5 图

$$Q_L = k_v u_p \sqrt{P_s - \text{sgn}(u_p)p_L} = \begin{cases} k_v u_p \sqrt{P_s - p_L} & u_p > 0 \\ k_v u_p \sqrt{P_s + p_L} & u_p < 0 \end{cases}$$

对称缸流量方程为　　$Q_L = A_p \dot{y} + c_t P_L + \dfrac{v_t}{4\beta_e}\dot{p}_L$

负载力平衡方程为　　$F = A_p p_L = m\ddot{y}$

控制信号为　　　　　　　　　　　$u_p = k_u(r - k_f y)$

系统有关参数见表 9-9。

表 9-9　题 5 表

参　数	数　　值	参　数	数　值
k_v	3.4×10^{-8} m$^4 \cdot$ N$^{-1/2} \cdot$ V$^{-1} \cdot$ s^{-1}	k_f	1V $\cdot$ m^{-1}
A_p	4×10^{-3} m^2	v_t	2×10^{-3} m^3
c_t	5×10^{-12} m$^5 \cdot$ N$^{-1} \cdot$ s^{-1}	m	25kg
β_e	7×10^8 N $\cdot$ m^{-2}		

要求：

（1）建立该系统的 Simulink 仿真模型。

（2）建立伺服阀流量方程（含比例控制器 k_u）的子系统并封装，封装的参数为油源压力 P_s 和控制器

参数 k_u。

（3）从指令窗分别输入 P_s（$7×10^6$，$14×10^6$）和 k_u（数值自设）画出系统单位阶跃响应曲线，并计算阶跃响应的调整时间 t_s。

6. 建立 8.3.1 节中的汽车悬架控制系统的 Simulink 仿真模型见式（8-12）。对该系统进行状态反馈控制：设控制信号 $u = -KX$，其中 $K = [\, 300000,\ 30000,\ -480000,\ 2790\,]$，$X = [\, X_1, \dot{X}_1, X_2, \dot{X}_2 \,]^{\mathrm{T}}$，指令信号 $R = 0$，阶跃干扰信号为 $W = 0.01\mathrm{m}$（参见图 8-15），则系统对阶跃干扰的动态响应如图 9-78 所示，对比图 8-17，可看出状态反馈控制的优越性。

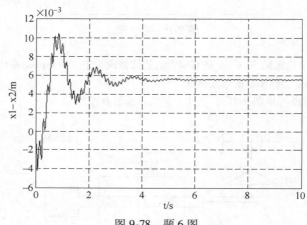

图 9-78　题 6 图

参 考 文 献

［1］刘白雁，等．机电系统动态仿真——基于 MATLAB/Simulink［M］.2 版．北京：机械工业出版社，2011.

［2］杨叔子，等．机械工程控制基础［M］.6 版．武汉：华中科技大学出版社，2011.

［3］刘浩，韩晶．MATLAB R2016a 完全自学一本通［M］.北京：电子工业出版社，2016.

［4］黄文梅，等．系统仿真分析与设计——MATLAB 语言工程应用［M］.长沙：国防科技大学出版社，2001.

［5］欧阳黎明．MATLAB 控制系统设计［M］.北京：国防工业出版社，2001.

［6］薛定宇，等．基于 MATLAB/Simulink 的系统仿真技术与应用［M］.北京：清华大学出版社，2002.

［7］FREDERICK D K. 反馈控制问题——使用 MATLAB 及其控制系统工具箱［M］.张彦斌，译．西安：西安交通大学出版社，2001.

［8］FRANKLIN J D. 动态系统的反馈控制［M］.朱其丹，等译．北京：电子工业出版社，2004.

［9］王春行．液压控制系统［M］.北京：机械工业出版社，1999.

［10］https：//ww2. mathworks. cn/matlabcentral/answers/index？s_ cid＝doc_ ftr.

［11］MathWorks. MATLAB User's Guide.

［12］GARDNER J F. 机构动态仿真——使用 MATLAB 和 SIMULINK［M］.周进雄，等译．西安：西安交通大学出版社，2002.

［13］范影乐，等．MATLAB 仿真应用详解［M］.北京：人民邮电出版社，2001.

［14］刘白雁，等．模型跟随自适应控制新方法及其工程应用［M］.西安：西安交通大学出版社，2004.

［15］MOSCINSKI J, OGONOWSKI Z. Advanced Control with MATLAB and SIMULINK［M］. London：Ellis Horwood，1995.

［16］张德丰．等．MATLAB/Simulink 建模与仿真实例精讲［M］.北京：机械工业出版社，2010.

［17］陈杰．MATLAB 宝典［M］.北京：电子工业出版社，2009.

［18］谢克明，李国勇．控制系统数字仿真与 CAD［M］.北京：电子工业出版社，2003.